ENERGY 新能源家族丛

图文并茂 ◆ 主题热门 ◆ 创意新颖

XINNENGYUAN JIAZU
CONGSHU

new
新版

水力

Hydraulic power

本书编写组◎编

世界图书出版公司
WPC
广州·上海·西安·北京

图书在版编目（CIP）数据

水力 /《水力》编写组编．—广州：广东世界图
书出版公司，2010.8 （2021.11 重印）
ISBN 978－7－5100－2558－7

Ⅰ．①水… Ⅱ．①水… Ⅲ．①水力学－普及读物
Ⅳ．①TV13－49

中国版本图书馆 CIP 数据核字（2010）第 160423 号

书　　名　水力
　　　　　SHUI LI
编　　者　《水力》编写组
责任编辑　冯彦庄
装帧设计　三棵树设计工作组
责任技编　刘上锦　余坤泽
出版发行　世界图书出版有限公司　世界图书出版广东有限公司
地　　址　广州市海珠区新港西路大江冲 25 号
邮　　编　510300
电　　话　020-84451969　84453623
网　　址　http://www.gdst.com.cn
邮　　箱　wpc_gdst@163.com
经　　销　新华书店
印　　刷　三河市人民印务有限公司
开　　本　787mm×1092mm　1/16
印　　张　13
字　　数　160 千字
版　　次　2010 年 8 月第 1 版　2021 年 11 月第 7 次印刷
国际书号　ISBN　978-7-5100-2558-7
定　　价　38.80 元

序　言

　　能源，是自然界中能为人类提供某种形式能量的物质资源。人类社会的存在与发展离不开能源。

　　在过去的 200 多年中，建立于煤炭、石油、天然气的能源体系极大地推动了人类社会的发展，这几大能源我们称之为化石能源，它们是千百万年前埋在地下的动植物，经过漫长的地质年代形成的。化石燃料不完全燃烧后，都会散发出有毒的气体，却是人类必不可少的燃料。

　　随着人类的不断开采，化石能源的枯竭是不可避免的，大部分化石能源本世纪将被开采殆尽。同时，化石能源的大规模使用带来了环境的恶化，威胁全球生态。因此，人类必须及早摆脱对化石能源的依赖，寻求新的能源，形成清洁、安全、可靠的可持续能源系统。

　　进入 21 世纪，人们更加迫切地呼唤着新能源。新能源这个概念是相对常规能源而言的，常规能源是指已被人类广泛利用并在人类生活和生产中起过重要作用的能源，就是化石能源加上水能，而新能源，在不同的历史时期和科技水平情况下有不同的内容。眼下，新能源通常指核能、太阳能、风能、海洋能、氢能等。本套丛书向大家系统介绍了这些新能源的来龙去脉，让大家了解到当今世界正在走向一个可持续发展的、与环境友好的新能源时代。

　　这些新能源中，太阳能已经逐渐走入我们寻常的生活，太阳能发电具有布置简便、维护方便等特点，应用面较广，缺点是受时间限制；风力发电在 19 世纪末就开始登上历史的舞台，由于造价相对低廉，成了各个国家争相发展的新能源首选，然而，随着大型风电场的不断增多，占用的土地也日益扩大，产生的社会矛盾日益突出，如何解决这一难题，成了人们又一困惑。核能的应用已经有一段时间，而且被一些人认为是未来最具希望的新能源，因为核电站只需消耗很少的核燃料，就可以产生大量的电能，它也有一定缺点，比如产生放射性废物，燃料存在被用于武器生产的风险。在众多新能源中，氢能以其重量轻、无污染、热值高、应用面广等独特优点脱颖而出，将成为21世纪最理想的新能源。氢能可应用于航天航空、汽车的燃料，等高热行业。至于海洋能，由于海洋占地球表面积的71%，蕴藏着无尽的宝贵资源，如何打开这一资源宝库，利用这一巨大深邃的空间，是当前世界各国密切关注的重大问题。目前限于技术水平，海洋能尚处于小规模研究阶段。

这套丛书以每一个新能源品种为一册，内容简明而丰富，除此之外，我们还编写了电力和水力两本书，电力属于二次能源，也是常规能源和新能源的转化和储存形式；水力虽然是常规能源，但也是一种可持续能源，而且小水电由于其对生态环境基本没有破坏，被列为新能源之列。我们希望这套丛书帮助大家了解新能源的前世今生，以及新能源面临的种种问题，当然，更多的是展望新能源的美好前景。

新能源正在塑造未来的世界形态，未来属于领先新能源技术的国家，那么，作为个人，了解新能源，就是拥抱未来。

Contents |目录

引　言

　　"水力"这个词，人们常常把它和"水利"混为一谈，实际上两者是有区别的。

　　"水利"一词，最早见于战国末期问世的《吕氏春秋》中的《孝行览·慎人》篇，它所讲的"取水利"是指捕鱼之利。鱼儿离不开水，人们能够捕鱼以维持生存，也算是从水那里得到的利益。

　　西汉史学家司马迁所著《史记》，其中的《河渠书》是中国第一部水利通史。该书记述了从禹治水到汉武帝黄河瓠子堵口这一历史时期内一系列治河防洪、开渠通航和引水灌溉的史实，书中感叹道："甚哉水之为利害也"，并指出"自是之后，用事者争言水利"。从此，"水利"一词就具有防洪、灌溉、航运等除害兴利的含义。

　　随着社会经济技术不断发展，水利的内涵也在不断充实扩大。1933年，中国水利工程学会第三届年会的决议中就曾明确指出："水利范围应包括防洪、排水、灌溉、水力、水道、给水、污渠、港工八种工程在内。"其中的"水力"指水能利用。进入20世纪后半叶，"水利"中又增加了水土保持、水资源保护、环境水利和水利渔业等新内容，"水利"的含义更加广泛。

因此，"水利"一词是指人类社会为了生存和发展的需要，采取各种措施，对自然界的水和水域进行控制和调配，以防治水旱灾害，开发利用和保护水资源。

"水力"就是指水能利用。

水不仅可以直接被人类利用，它还是能量的载体。水能是一种可再生能源，是清洁能源，是指水体的动能、势能和压力能等能量资源。

人类利用水能的历史很悠久，我国是世界上最早利用水能的国家之一。早在1900多年前，就制造了木制的水轮，让流水冲击水轮转动，用来汲水、磨粉、碾谷。不过，在很长一段时间内，水能都只是被用来带动简单的机械运作，作为农业灌溉和手工作坊的动力。

到了19世纪，人类掌握了水力发电技术，利用水力带动水轮发电机发电，再把电送到远处的工厂，扩大了水能的使用范围。

水力发电是通过水轮机把水流的势能转化为机械能，再带动发电机输出电能。水力发电除了是一种比较干净的发电方式外，还有一系列的其他优点：水能站运行费用低，设备不易发生故障；水力发电成本低，投资回收快；许多水电工程除了发电外，还兼有防洪、灌溉、城市供水等多种功能。同时，水力发电是一种灵活的能源供应系统，既可连续运转，也可以把能量储存起来。

水力是清洁的可再生能源，应该大力开发以节省矿物燃料。

但是和世界能源需要量相比，水力资源仍很有限，并且相当大的一部分水力资源都在远离工业中心的交通不便之处，水电站和输电线路的建设都将耗费大量的资金。目前，全世界水电装机总容量约4亿千瓦，仅占可利用资源的18％。发达国家水能资源利用比较充分，其中西欧国家一般已开发了70％～90％，美国为44％，俄罗斯约20％。发展中国家水能利用率比较低，潜力很大，例如非洲的扎伊尔水能蕴藏量达1亿千瓦，而水能利用率尚不到1％。

我国地域辽阔，河流密布，径流量大，而且山区较多，地形高差又大，水力资源极为丰富，是世界上地表水资源最丰富的国家之一，也是世界上水能蕴藏量最大的国家。据普查统计，我国水能资源蕴藏总量约为6.8亿千瓦，其理论上的发电量可达5.9万亿度/年。1949年后的几十年时间里，我国的水能利用得到了较快的发展，截至2008年底，中国水电装机容量达到1.72亿千瓦，稳居世界第一位。水电能源开发利用率也从改革开放前的技术可开发量不足10％提高到27％。

鉴于此，本书重点介绍了水力在19世纪后为人类作出的巨大贡献——水力发电。

第一章 水与水能

　　水是人类生存所需的一种宝贵资源，同时它又是一种能源，而且是可再生能源，是清洁能源，是绿色能源。

　　广义的水能资源包括河流水能、潮汐水能、波浪能、海流能等能量资源。

　　狭义的水能资源指河流的水能资源，是常规能源、一次能源。狭义的水能是指河流水能。人们目前最易开发和利用的比较成熟的水能也是河流能源。

　　本章介绍水作为资源和能源的一些基本知识。

第一节　水

水包括天然水（河流、湖泊、大气水、海水、地下水等）、人工制水（通过化学反应使氢氧原子结合得到水）。

水是地球上最常见的物质之一，是包括人类在内所有生命生存的重要资源，也是生物体最重要的组成部分。无论是过去、现在还是将来，水始终是影响人类社会发展的重要因素。一旦失去了水，万物将无法生存。水是生命之源，水和我们的生活息息相关。

1993 年 1 月 18 日，第四十七届联合国大会作出决议，确定每年的 3 月 22 日为"世界水日"（World Water Day）。

水不仅是生物体的重要组成部分，也是地理环境中最活跃的因素。正因为有了水，地球才变得丰富多彩，生机盎然。

水的形成

几乎与我们时刻相伴的水是怎么形成的呢？目前，对地球上的水是怎么来的有很多种说法，归结起来，可分为 2 大类：①原生说（或自生说），即认为地球上的水来自地球内部；②是外生说，即认为地球上的水来自地球以外的宇宙空间。

原生说（自生说）认为，35 亿年前，原始的宇宙星云凝聚成地球，随着地球快速的自转，含在熔融状态的原始物质里的水分便向地表移动，最终逐渐释放出来，当地球表面温度降至 100 摄氏度以下时，呈气态的水才凝结成雨降落到地面。

外生说大约又分为两种情况，一种认为大量的陨石降落到地球表面，从而源源不断地带来了宇宙的水；另一种则认为从太阳辐射带来正电的基本粒子——质子，与地球大气中的电子结合成氢原子，再与氧原子化合成水分子。

当然，无论哪种说法，都有待于科学的进一步研究。

水的分布

水是地球上分布最广泛的物质之一。自然界的水总是以气态、液态和固态 3 种形式存在于空中、地表与地下，成为大气水、海水、陆地水以及存在于所有动、植物有机体内的生物水，组成一个统一的相互联系的水圈。

地球总面积为 5.1 亿平方千米，其中海洋面积为 3.613 亿平方千米，约占地球总面积的 70.8%。海洋的总水量为 13.38 亿立方千米，占地球总水量的 96.5%，折合成水深可达 3700 米，如果平铺在地球表面，平均水深可达 2640 米。除海洋外，还有湖泊、河流、沼泽、冰川等。地表约 3/4 被水所覆盖。

地表之上的大气中的水汽来自地球表面各种水体水面的蒸发、土壤蒸发以及植物散发，并借助空气的垂直交换向上输送。一般说来，空气中的水汽含量随高度的增大而减少。科学观测表明，在 1500 米～2000 米高度上，空气中的水汽含量已减少为地面的 1/2；在 5000 米高度，减少为地面的 1/10；再向上，水汽含量则更少，水汽最高可达平流层顶部，高度约 55000 米。大气水在 7 千米以内总量约有 12900 立方千米，折合成水深约为 25

毫米，仅占地球总水量的 0.001%。虽然数量不多，但活动能力却很强，是云、雨和雪等的根源。

地球上的水，水平分布面积很广，垂直分布存在于大气圈、生物圈和岩石圈之中，其水量非常丰富，约为 13.68 亿立方千米，所以地球有"水的行星"之称。

水是宝贵的自然资源，也是自然生态环境中最积极、最活跃的因素。同时，水又是人类生存和社会经济活动的基本条件，其应用价值表现为水量、水质和水能。

世界上一切水体，包括海洋、湖泊、河流、沼泽、冰川、地下水以及大气中的水分，都是人类宝贵的财富，即水资源。目前，限于当前技术条件，对含盐量较高的海水和分布在南、北两极的冰川的大规模开发利用还存在很多困难。河流、湖泊、地下水等淡水，能够被人类直接或间接开发利用，尽管这几种淡水资源合起来只占全球总水量的 0.32% 左右，约为 1065 万立方千米，但却是目前研究的重点。

需要说明的是，大气降水不仅是径流形成的最重要因素，而且是淡水资源的最主要（甚至是唯一）的补给来源。

水循环

水循环是指地球上各种形态的水在太阳辐射、地心引力等作用下，通过蒸发、水汽输送、凝结降水、下渗以及径流等环节，不断地发生相态转换和周而复始运动的过程。

从全球整体角度来说，这个循环过程可以设想从海洋的蒸发开始，蒸发的水汽升入空中，并被气流输送至各地，大部分留在海洋上空，少部分深入内陆，在适当条件下，这些水汽凝结降水。其中海面上的降水直接回归海洋，降落到陆地表面的雨、雪，除重新蒸发升入空中的水汽外，一部分成为地面径流补给江河、湖泊，另一部分渗入岩石层中，转化为壤中流与地下径流。地面径流、壤中流与地下径流，最后亦流入海洋，构成全球性统一的、连续有序的动态大系统。

水循环整个过程可分解为水汽蒸发、水汽输送、凝结降水、水分入渗，以及地表、地下径流等 5 个基本环节。这 5 个环节相互联系、相互影响，又交错并序、相对独立，并在不同的环境条件下呈现不同的组合，在全球各地形成一系列不同规模的地区水循环。

太阳辐射与重力作用是水循环的基本动力。此动力不消失，水循环将永远存在。其中，蒸发、降水和径流是水循环的主要环节。

从实质上说，水循环乃是物质与能量的传输、储存和转化过程，而且存在于每一环节。在蒸发环节中，伴随液态水转化为气态水的是热能的消耗，伴随着凝结降水的是潜热的释放，所以蒸发与降水就是地面向大气输送热量的过程。据测算，全球海陆日平均蒸发量为 1.5808 万亿立方米，是长江全年入海径流量的 1.6 倍，蒸发这些水汽的总耗热量高达 3.878×10^{21} 焦耳，如折合电能为 10.77×10^{14} 千瓦时，等于 1990 年全世界各国总发电量的近 100 倍，所以地面潜热交换成为大气的热量主要来源。

由降水转化为地面与地下径流的过程，则是势能转化为动能的过程。这些动能成为水流的动力，消耗于沿途的冲刷、搬运和

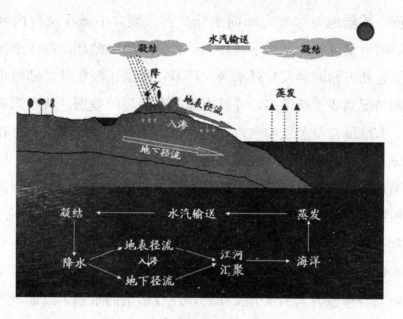

海陆间水循环

堆积作用，直到注入海洋才消耗殆尽。

　　根据水循环的不同途径与规模，全球的水循环可分为大循环与小循环。大循环发生于全球海洋与陆地之间的水分交换过程，由于广及全球，故名大循环，又称外循环。大循环的主要特点是，在循环过程中，水分通过蒸发与降水两大基本环节，在空中与海洋，空中与陆地之间进行垂直交换，与此同时，又以水汽输送和径流的形式进行水平交换。交换过程中，海面上的年蒸发量大于年降水量，陆面上情况正好相反，降水大于蒸发；在水平交换过程中，海洋上空向陆地输送的水汽要多于陆地上空向海洋回送的水汽，两者之差成为海洋的有效水汽输送。正是这部分有效的水汽输送，在陆地上转化为地表及地下径流，最后回流入海，在海陆之间维持水量的相对平衡。小循环是指发生于海洋与大气之间，或陆地与大气之间的水分交换过程。小循环又称内部循环，前者又可称为海洋小循环，后者称陆地小循环。海洋小循环主要包括海面的蒸发与降水两大环节，所以比较简单。陆地小循环的情况则要复杂得多，并且内部存在明显的差别。从水汽来源看，有陆面自身蒸发的水汽，也有自海洋输送来的水汽，并在地区分布上很不均匀，一般规律是距海愈远，水汽含量愈少，因而水循环强度具有自海洋向内陆深处逐步递减的趋势。如果地区内部植被条件好，贮水比较丰富，那么自身蒸发的水汽量比较多，有利于降水的形成，因而可以促进地区小循环。陆地小循环可进一步区分为大陆外流区小循环和内流区小循环。其中外流区小循环除自身垂直方向的水分交换外，还有多余的水量，以地表径流及地下径流的方式输向海洋，高空中必然有等量的水分从海洋送至陆地，所以还存在着与海洋之间的水平方向的水分交换。而陆地上的内流区，其多年平均降水量等于蒸发量，自成一个独立的水循环系统，地面上并不直接和海洋相沟通，水分交换以垂直方向为主，仅借助于大气环流运动，在高空与外界之间进行一定量的水汽输送与交换活动。

河流与湖泊

地球上参与水循环的水量，相当于全球多年平均蒸发量，其中 39.5% 形成为河川径流（简称河流），最终汇入海洋。河流是地球上水循环的重要路径，对全球的物质、能量的传递与输送起着重要作用。

河水的来源叫做河流补给。河水最主要的来源是大气降水，尤其是降水中的雨水，经过地表径流汇入河流。世界上大多数河流的补给都是靠雨水补给。山地的湖泊，有的成为河流的源头；位于河流中下游地区的湖泊，则对河流径流起着调节的作用，在洪水期蓄积部分洪水，以削减河川的洪峰。人工湖泊——水库更是起着这样的作用。陆地上的其他水体，如冰川、地下水，也常常是河流补给的组成部分，对某些河流来说，还是相当重要的部分。然而事实上，单由一种水源补给的河流很少，绝大多数河流有多种补给形式，正是由于河水补给形式的多样性，才导致了河流径流变化的复杂性。

径流是指受重力作用到达地面的大气降水扣除蒸发返回大气、植物截留、土壤下渗、洼地滞蓄及地面滞留等水量后，通过不同途径形成地面径流、表层流和地下径流，汇入江河，流入湖泊、海洋的水流总称。径流的水量称为径流量，指的是一段时间内河流某一过水断面过水量，径流量反映某一地区水资源的丰歉程度。径流量在水文上有时指流量，有时指径流总量。计算公式为：径流量＝降水量－蒸发量。单位为：立方米/秒。

径流是水循环的主要环节之一，径流量是陆地上最重要的水文要素之一，是水量平衡的基本要素，是自然地理环境中最活跃的因素。在当前的技术经济条件下，径流是可资长期开发利用的水资源。

世界上径流量最大的河流是南美洲的亚马孙河，其次是非洲的刚果河，然后就是中国的长江。

亚马孙河

亚马孙河河口多年平均流量 17.5 万立方米/秒，年均径流量 69300 亿立方米。

刚果河河口年平均流量 39000 立方米/秒，年径流量 13026 亿立方米。

长江河口年平均流量 31000 立方米/秒，年径流量 9600 亿立方米。

各大洲的径流量，亚洲径流占全球的 31%，南美洲占 25%，北美洲占 17%，非洲占 10%。各大洋获得的径流量，其中大西洋获得陆地地表径流总量的约 52%，其次为太平洋，占 27.2%。全世界河流径流总量按人平均分，每人约合 10000 立方米。大洋洲平均每人占有径流量最多，欧洲最少。

河流水量有季节变化和年际变化，因而海洋获得的地表径流量也具有随季节与年际而变化的特性。

河流在一年内各个月份的径流量是不同的。洪水季节和枯水

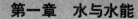

刚果河

季节的交替，一般很有规律。河流径流一年内有规律的变化，叫做河流径流的季节变化。河流径流的季节变化，同河流的水源补给密切相关。各种类型的河流水源不同，因而径流季节变化的规律也就不同：以雨水补给为主的河流，主要是随降雨量的季节变

长江

化而变化；以冰雪和冰川融水补给为主的河流，主要是随气温的
变化而变化。以我国为例，东部的河流以雨水补给为主，西部的
河流由冰雪、冰川融水补给量相当大，东部河流的径流季节变化
的规律与西部河流的有所不同。河流径流的季节变化，对人类的

生产和生活有很大的影响。径流季节变化大的河流，洪水期容易发生洪涝灾害，枯水期又往往满足不了人们用水的需要。因而修建水利工程，调节径流量的季节变化，是保证人们生产和生活用水的必要措施。

任何一条河流，它在每年的径流量都不尽相同，有的年份径流量大，有的年份径流量小，有的年份接近于正常，我们就把这种变化叫做径流的年际变化。降水量的年际变化大，反映在河流径流量年际变化上也比较大。因此，很多河流需要修建水库，调节丰水年和枯水年的径流量，从而实现河流水力资源的合理开发和综合利用。

湖泊作为陆地表面具有一定规模的天然洼地的蓄水体系，是湖盆、湖水以及水中物质组合而成的自然综合体。在地表水循环过程中，有的湖泊是河流的源泉，起着水量贮存于补给的作用；有的湖泊是河流的中继站，起着调蓄河川径流的作用；还有的湖泊是河流终点的汇集地，构成了局部的水循环。

陆地表面湖泊总面积约270万平方千米，占全球大陆面积的1.8％左右，其水量约为地表河流蓄水量的180倍，是陆地表面仅次于冰川的第二大水体。世界上湖泊最集中的地区为古冰川覆盖过的地区，如芬兰、瑞典、加拿大和美国北部。我国也是一个多湖泊的国家，湖泊面积在1平方千米以上的有2300多个，总面积约71787平方千米，占全国总面积的8％左右。我国湖泊的分布以青藏高原和东部平原最为密集。

湖泊类型的划分方法主要有3种：按湖盆成因分类、按湖水补给与径流的关系分类以及按湖水盐度分类。

湖盆是湖泊形成的基础，湖盆的成因不同，湖泊的形态、湖底的原始地形也各异，而湖泊的形态特征往往对湖水的运动、理化性质及湖泊的演化都有不同程度的影响。天然湖盆是在内、外力相互作用下形成的，以内力作用为主形成的湖盆主要有构造湖盆、火口湖盆和阻塞湖盆等；以外力作用为主形成的湖盆主要有河成湖盆、风成湖盆、海成湖盆以及溶蚀湖盆等。按湖盆的成因分，主要有以下几类：

　　构造湖：由于地壳的构造运动（断裂、断层、地堑等）所产生的凹陷而形成。其特点是湖岸平直、狭长、陡峻、深度大。例如贝加尔湖、坦噶尼喀湖、洱海等。

　　火口湖：火山喷发停止后，火山口成为积水的湖盆。其特点是外形近圆形或马蹄形，深度较大，如白头山上的天池。

　　堰塞湖：有熔岩堰塞湖与山崩堰塞湖之分。前者为火山爆发熔岩流阻塞河道而形成，如镜泊湖、五大连池等；后者为地震、山崩引起河道阻塞所致，这种湖泊往往维持时间不长，又被冲刷而恢复成原河道。例如，岷江上的大小海子（1932 年地震、山崩形成的）。

　　河成湖：由于河流的改道、截弯取直、淤积等，使原河道变成了湖盆。其外形特点多是弯月形或牛轭形，故又称牛轭湖，水深一般较浅，例如我国江汉平原上的一些湖泊。

　　风成湖：由于风蚀洼地积水而成，多分布在干旱或半干旱地区，湖水较浅，面积、大小、形状不一，矿化度较高。例如我国内蒙古的湖泊。

　　冰成湖：由古代冰川或现代冰川的刨蚀或堆积作用形成的湖

泊、即冰蚀湖与冰啧湖，特点是大小、形状不一，常密集成群分布，例如芬兰、瑞典、北美洲及我国西藏的湖泊。

海成湖：在浅海、海湾及河口三角洲地区，由于沿岸流的沉积、使沙嘴、沙洲不断发展延伸，最后封闭海湾部分地区形成湖泊，这种湖泊又称啧湖，例如我国杭州的西湖。

溶蚀湖：由于地表水及地下水溶蚀了可溶性岩层所致，形状多呈圆形或椭圆形，水深较浅，例如我国贵州的草海湖。

按湖水补排情况划分，可分为吞吐湖和闭口湖两类，前者既有河水注入，又能流出；后者只有入湖河流，没有出湖水流。按湖水与海洋沟通情况分外流湖和内流湖两类。外流湖是湖水能通过出流河汇入大海，内流湖则与海洋隔绝。

按湖水矿化度和湖水含盐度划分，可分为淡水湖、微咸水湖、咸水湖及盐水湖 4 类。淡水湖矿化度小于 1 克/升；微咸水湖矿化度在 1～24 克/升之间；咸水湖矿化度在 24～35 克/升。外流湖大多为淡水湖，内流湖则多为咸水湖、盐水湖。

按湖水所含溶解性营养物质的不同来划分，湖泊可分为贫营养湖、中营养湖、富营养湖 3 大基本类型。一般近大城市的湖泊，由于城市污水及工业废水的大量汇入，多已成为富营养化的湖泊。

一方面，湖泊作为天然水库，对由强风或气压骤变引起的漂流而造成湖泊迎风岸与背风岸形成的水位差进行自然调节，改变湖面的倾斜状态；另一方面，人们按照一定的目的，在河道上建坝或堤堰创造蓄水条件而形成人工湖泊——水库，对径流进行人为地调节，不仅能拦蓄本流域上游来水，减轻下游洪水的压力，还可以分蓄江河洪水，减小河段的洪峰流量，滞缓洪峰发生的时间。

水库

水库是指在山沟或河流的狭口处建造拦河坝形成的人工湖泊。水库建成后，可起防洪、蓄水灌溉、供水、发电、养鱼等作用。

1. 水库的防洪作用

水库是防洪广泛采用的工程措施之一。在防洪区上游河道适当位置兴建能调蓄洪水的综合利用水库，利用水库库容拦蓄洪水，削减进入下游河道的洪峰流量，达到减免洪水灾害的目的。水库对洪水的调节作用有两种不同方式，一种起滞洪作用，另一种起蓄洪作用。

（1）滞洪作用

滞洪就是使洪水在水库中暂时停留。当水库的溢洪道上无闸门控制，水库蓄水位与溢洪道堰顶高程平齐时，则水库只能起到暂时滞留洪水的作用。

（2）蓄洪作用

在溢洪道未设闸门情况下，在水库管理运用阶段，如果能在汛期前用水，将水库水位降到水库限制水位，且水库限制水位低于溢洪道堰顶高程，则限制水位至溢洪道堰顶高程之间的库容，就能起到蓄洪作用。蓄积在水库的一部分洪水可在枯水期有计划地用于兴利需要。

当溢洪道设有闸门时，水库就能在更大程度上起到蓄洪作用：水库可以通过改变闸门开启度来调节下泄流量的大小。由于有闸门控制，所以这类水库防洪限制水位可以高出溢洪道堰顶，并在泄洪过程中随时调节闸门开启度来控制下泄流量，具有滞洪和蓄洪双重作用。

2. 水库的兴利作用

由于河川径流具有多变性和不重复性，在年与年、季与季以及地区之间来水都不同，且变化很大。大多数用水部门（例如灌溉、发电、供水、航运等）都要求比较固定的用水数量和时间，它们的要求经常不能与天然来水情况完全相适应。人们为了解决径流在时间上和空间上的重新分配问题，充分开发利用水资源，使之适应用水部门的要求，往往在江河上修建一些水库工程。水库的兴利作用就是进行径流调节，蓄洪补枯，使天然来水能在时间上和空间上较好地满足用水部门的要求。

水资源现状

地球表面约 3/4 的面积为海洋所覆盖，但人类可直接利用或有潜力开发的水资源却十分有限。根据第四届水资源论坛公布的数据，全世界水资源总量约 14 亿立方千米，其中只有 2.5% 是可饮用的淡水。在这仅有的淡水资源中，又有超过 2/3 被冻结在南极和北极的冰盖中，或以高山积雪及冰川的形式存在。较易利用的淡水资源仅是江河湖泊和地下水中的一部分，不到全球淡水资源的 0.3%。

可开发利用的水资源在全球分布并不平衡。从地域来看，拉丁美洲是水资源最为丰富的地区，水资源约占全球总量的 1/3，其次是亚洲，水资源约占全球总量的1/4。欧洲水资源分布极为不均，欧洲大陆18%的人口居住在水资源匮乏地区。

尽管水资源是可再生资源，但受世界人口增长、人类对自然资源过度开发、基础设施投入不足等因素的影响，水资源的供应量远远不能满足人类生产和生活的需要。人类生存所必需的基本生活用水面临着短缺、卫生不达标或获取困难等问题。据联合国儿童基金会的一份报告，全球有8.84亿人无法获得安全的饮用水，其中亚洲国家约占50%，撒哈拉以南非洲国家约占40%。

2010年我国云南旱灾导致水电站停运

根据联合国教科文组织2009年3月12日《世界水资源开发报告》指出，人类对水的需求正以每年640亿立方米的速度增长，到2030年，全球将有47%的人口居住在用水高度紧张的地区。一些干旱和半干旱地区的水资源缺乏将对人口流动产生重大影响。

全球每年有近 6 万平方千米的土地变成荒漠。水资源不足会导致卫生条件低下，世界上每天大约有 6000 人因此而丧生。在逾 20% 的陆地上，人类活动已经超出了自然生态系统的负荷。水质也在恶化，近 95% 的工业废水年年不受监管地被倾倒进江河湖海中。酸雨在很多国家早已不罕见了。如果污染势头得不到遏制，水资源也许会变成不可再生资源。

国际上关于水的争端也层出不穷，包括巴西、巴基斯坦、印度、孟加拉国、尼泊尔等等。世界银行副行长伊斯梅尔·萨拉杰丁曾在 1995 年预言，20 世纪的许多战争都是因石油而起，而到 21 世纪，水将成为引发战争的根源。

第二节　水能

水能概述

水不仅可以直接被人类利用，而且还是能量的载体。太阳能驱动地球上水循环，使水在水圈内各组成部分之间不停地运动，产生物理状态的变化以及运动的能量，我们就把水在流动过程中产生的能量称为水能。水能主要产生和存在于河川水流及沿海潮汐中。水流所产生的动力，称为水力。实质上"水能"和"水力"是一样的，只是在不同场合的词语搭配上略有区别，例如在表述广义的能源时，多用水能；而在描述具体的发电应用时，多用水力。

水能资源指水的动能、势能和压力能等能量资源，是自由流动的天然河流的出力和能量，称河流潜在的水能资源，也称为水力资源。水能资源是一种常规能源。广义的水能资源包括河流水能、潮汐水能、波浪能和海流能等能量资源；狭义的水能资源指河流的水能资源，河流水能是人类目前最易开发和利用的比较成熟的水能。构成水能资源的最基本条件是水的流量和落差（水从高处降落到低处时的水位差）：流量大，落差大，所包含的能量就大，即蕴藏的水能就丰富。

水能蕴藏量居世界前五位的国家是：中国、俄罗斯、巴西、美国、加拿大。瑞士、法国可开发水能的利用率都已经超过了95％；意大利、德国水能利用率在80％左右；利用率在60％～70％的有日本、挪威、瑞典；利用率在40％～60％的有奥地利、埃及、美国、加拿大等；俄罗斯开发利用不足20％；我国水能60％以上集中在西南地区，其次是中南和西北地区。我国的水能开发利用率不足10％，是水能开发潜力巨大的国家。

随着矿物燃料的日益减少，水能资源将是非常重要且具有广阔前景的能源。

水能资源的分布

全世界江河的理论水能资源为48.2万亿千瓦时/年，技术上可开发的水能资源为19.3万亿千瓦时/年。中国的江河水能理论蕴藏量为6.91亿千瓦，每年可发电6万多亿千瓦时，可开发的水能资源约3.82亿千瓦，年发电量1.9万亿千瓦时。虽然水能是清洁的可再生能源，但和全世界能源需要量相比，水能资源仍很有限，即使把全世界的水能资源全部利用，在 20 世纪末也不能满足其需求量的 10％。

我们先来看一下世界水能资源的分布。世界可开发的水能资源为约每年 1.27 万亿千瓦时/年，其中有 35％的水能资源分布在亚洲，亚洲水能资源的 44.8％分布在中国；有 28.6％的水能资源集中在中南美洲，中南美洲的水能资源有 33.8％分布在巴西。欧洲水能资源占 8.7％，非洲水能资源占 9.3％，澳洲水能资源只占 1.6％。

在国土面积较大、水能资源较多的国家里，如中国、巴西、俄罗斯、美国、加拿大等都存在着水能资源分布不均的问题，大部分水能资源分布在远离经济中心的边远山区。俄罗斯有 82％的水能资源分布在地广人稀的亚洲部分，且主要分布在西伯利亚东部和远东地区，远离位于欧洲的经济中心；仅有 18％的水能资源分布在欧洲，这一地区的人口却占全国的 3/4，工农业生产占全国的 4/5，水能资源的地理分布与经济发展的要求不相适应。

美国水能资源的 70％分布在太平洋沿岸和西北部的 5 个洲（华盛顿、俄勒冈、加利福尼亚、爱达荷、蒙大拿）以及占水资源 24.6％的极偏远的阿拉斯加地区，这些地区人口仅占全国的 14％。东部大西洋沿岸 17 个洲是人口最稠密、经济最发达地区，水资源只占全国的 12％。

加拿大水能资源 56％集中在魁北克和不列颠哥伦比亚两省。而且大部分在北部严寒的偏远地区，远离人口密集、经济发达的南部地区。

水 力

　　巴西有 46％的水能资源分布在荒僻的亚马孙地区，人口仅占全国的 4％。东南部沿海地区的经济中心，用电量占全国的 70％，水能资源占全国的 27％。

　　接下来我们再来看一下我国水能资源的分布。我国国土辽阔，河流众多，大部分位于温带和亚热带季风气候区，降水量和河流径流量丰沛。地形西部多高山，并有世界上最高的青藏高原，许多河流发源于此；东部则为江河的冲积平原；在高原与平原之间又分布着若干次一级的高原区、盆地区和丘陵区。地势的巨大高差，使大江、大河形成极大的落差，如径流丰沛的长江、黄河等落差均有 4000 多米。因此，我国的水能资源非常丰富。据 1977～1980 年第三次全国性水能资源普查，我国水能资源理论蕴藏量为 6.76 亿千瓦，其中可开发的水能资源为 3.78 亿千瓦，如全部得到开发，所发电量可达 1.92 万亿千瓦时，约占世界可开发水能资源年发电量的 1/5，居世界首位。

表一　地区可开发水能资源

地区	装机容量 （万千瓦）	年发电 （亿千瓦时）	年发电量占 全国比重（％）
华北	700	230	1.2
东北	1200	380	2.0
华东	1800	690	3.6
中南	6700	2970	15.5
西南	23200	13050	67.8
西北	4200	1910	9.9
全国	37800	19230	100

由表一可以看出，我国水能资源在地区分布上很不均匀，水能资源大部分集中在西南地区，中南和西北为次，华北、东北和华东地区所占比例很小。

表二　水系可开发水能资源

水系	装机容量（万千瓦）	年发电（亿千瓦时）	年发电量占全国比重（%）
全国	37852	19235	100.0
长江	19724	10275	53.4
黄河	2800	1170	6.1
珠江	2485	1125	5.8
海、滦河	213	52	0.3
淮河	66	19	0.1
东北诸河	1371	439	2.3
东南沿海诸河	1390	547	2.9
西南沿海诸河	3768	2099	10.9
雅鲁藏布江及西藏其它河流	5038	2969	15.4
北方内陆及新疆诸河	997	539	2.8

从各水系水能资源的分布看，长江是我国水能资源最丰富的水系，其水能资源主要分布在干流中、上游及乌江、雅砻江、大渡河、汉水、资水、沅江、湘江、赣江、清江等众多支流上。

水能资源的特点

水能资源最显著的特点是可再生、无污染。开发水能对江河的综合治理和利用具有积极的作用，对促进国民经济发展，改善能源消费结构，缓解由于煤炭、石油资源消耗所带来的环境污染均有重要意义，因此世界各国都把开发水能放在能源发展战略的优先地位。

我国水能资源主要有 3 大特点：

①资源总量十分丰富，但人均资源量并不富裕，且开发利用率低。我国水能资源占世界总量的 16.7%，居世界之首，但是目前我国水能开发利用量约占可开发量的 1/4，低于发达国达 60% 的平均水平。

以电量计，我国可开发的水电资源约占世界总量的 15%，但人均资源量只有世界均值的 70% 左右，并不富裕。到 2050 年左右中国达到中等发达国家水平时，如果人均装机从现有的 0.252 千瓦加到 1 千瓦，总装机约为 15 亿千瓦，即使 6.76 亿千瓦的水能蕴藏量开发完毕，水电装机也只占总装机的 30%～40%。水电的比例虽然不高，但是作为电网不可或缺的调峰、调频和紧急事故备用的主力电源，水电是保证电力系统安全、优质供电的重要而灵活的工具，因此重要性远高于 30%～40%。

②水电资源分布不均衡，与经济发展的现状极不匹配。我国水力资源西部多、东部少，相对集中在西南地区，而经济发达、能源需求大的东部地区水能资源极少。

从河流看，我国水电资源主要集中在长江、黄河的中上游，雅鲁藏布江的中下游，珠江、澜沧江、怒江和黑龙江上游，这7条江河可开发的大、中型水电资源都在1000万千瓦以上，总量约占全国大、中型水电资源量的90%。全国大中型水电100万千瓦以上的河流共18条，水电资源约为4.26亿千瓦，约占全国大、中型资源量的97%。另一方面，水能资源主要集中于大江、大河，有利于集中开发和往外输送。

按行政区划分，我国水电主要集中在经济发展相对滞后的西部地区。西南、西北11个省份，包括云、川、藏、黔、桂、渝、陕、甘、宁、青、新，水电资源约为4.07亿千瓦，占全国水电资源量的78%，其中云、川、藏三省份共2.9473亿千瓦，占57%。而经济相对发达、人口相对集中的东部沿海11个省份，包括辽、京、津、冀、鲁、苏、浙、沪、穗、闽、琼，水电资源仅占6%。改革开放以来，沿海地区经济高速发展，电力负荷增长很快，目前东部沿海11省份的用电量已占全国的51%。这一态势在相当长的时间内难以逆转。为满足东部经济发展和加快西部开发的需要，加大西部水电开发力度和加快"西电东送"步伐已经进行了国家层面的部署。

③大多数河流年内、年际流量分布不均，汛期和枯期差距大。中国是世界上季风气候最显著的国家之一，冬季多由北部西伯利亚和蒙古高原的干冷气流控制，干旱少水；夏季则受东南太平洋和印度洋的暖湿气流控制，高温多雨。受季风影响，降水时间和降水量在年内高度集中，一般雨季2～4个月的降水量能达到全年的60%～80%。降水量年际间的变化也很大，年径流最大与最小比值，长江、珠江、松花江为2～3倍，淮河达15倍，海河更达20倍之多。这些不利的自然条件，要求我们在水电规划和建设中必须考虑年内和年际的水量调节，根据情况优先建设具有年调节和多年调节水库的水电站，以提高水电的供电质量，保证系统的整体效益。

最新综合评估显示，我国水能资源理论蕴藏量近7亿千瓦，占常规能源资源量的40%。其中，经济可开发容量近4亿千瓦，年发电量约1.7亿千瓦时，是世界上水能资源总量最多的国家。

水能资源的优点和不足

水能资源的优点首先表现为清洁、可再生；其次是水电站投产后，发电成本低、综合收益大。与煤炭、石油等其他常规能源相比，水能资源独具特色，具有以下优点：

（1）水能没有污染，是一种干净的能源。

（2）水能是可以再生的能源，能年复一年地循环使用，而煤炭、石油、天然气都是消耗性的能源，随着逐年开采量的增加，剩余的就越来越少，甚至可能会枯竭。

（3）水能用的是不花钱的燃料，发电成本低，综合收益大，大、中型水电站一般 3～5 年就可收回全部投资成本。

另一方面，水能作为一种常规能源，也具有自身的不足：

（1）水能分布受水文、气候、地貌等自然条件的限制大。水容易受到污染，也容易被地形、气候等多方面的因素所影响。

（2）筑坝拦水导致淹没农田、迁移居民等。

（3）基础建设投资大，搬迁任务重，工期长。

水位与水位差

水位指水体的自由水面高出某一基面以上的高程。高程起算的固定零点称为基面。表达水位的基面通常有 2 种：①绝对基面，②测站基面。

绝对基面一般是以某一海滨地点的特征海水面为准，这个特征海水面的高程定为 0.000 米，目前我国使用的有大连、大沽、黄海、废黄河口、吴淞以及珠江等基面。若将水文测站的基本水准点与国家水准网所设的水准点接测后，则该站的水准点高程就可以根据引据水准点用某一绝对基面以上的高程数来表示。大地水准面是平均海水面及其在全球延伸的水准面，在理论上讲，它是一个的连续闭合曲面。但在实际中无法获得这样一个全球统一的大地水准面，各国只能以某一海滨地点的特征海水位为准，这样的基准面也称绝对基面。中国目前采用的绝对基面是黄海基面，是以黄海口某一海滨地点的特征海水面为零点的。

测站基面是假定基面的一种，它适用于通航的河道上，一般将其确定在测站河库最低点以下 0.5～1.0 米的水面上，对水深较大的河流，可选在历年最低水位以下 0.5～1.0 米的水面作为测站基面。同样，当与国家水准点接测后，即可算出测站基面与绝对基面的高差，从而可将测站基面表示的水位换算成以绝对基面表示的水位。用测站基面表示的水位，可直接反映航道水深，但在冲淤河流，测站基面位置很难确定，而且不便于同一河流上下游站的水位进行比较，这也是使用测站基面时应注意的问题。使用测站基面的优点是水位数字比较简单（一般不超过 10 米）。

水位除了绝对基面、测站基面外，还有假定基面、冻结基面。

若水文测站附近没有国家水准网，其水准点高程暂时无法与全流域统一引据的某一绝对基面高程相连接，可以暂时假定一个水准基面，作为本站水位或高程起算的基准面。如：暂时假定该

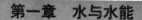

水准点高程为 100.000 米，则该站的假定基面就在该基本水准点垂直向下 100 米处的水准面上。

冻结基面也是水文测站专用的一种固定基面。一般是将测站第一次使用的基面固定下来，作为冻结基面。使用冻结基面的优点是使测站的水位资料与历史资料相连续。

水位随时间变化的曲线称水位过程线。它是以时间为横坐标，水位为纵坐标点绘的曲线，按需要可以绘制日、月、年、多年等不同时段的水位过程线。水位变化也可用水位历时曲线标示，历时是指一年中等于和大于某一水位出现的次数之和，制图时将一年内逐日平均水位按递减次序排列，并将水位分成若干等级，分别统计各级水位发生的次数，再由高水位至低水位依次计算各级水位历时曲线。根据该曲线可以查得一年中等于和大于某一水位的总天数（即历时），这对航运、桥梁等的设计和运用均有重要意义。水位历时曲线常与水位过程线绘在一起，通常在水位过程线图上也标出最高水位、平均水位、最低水位等特征以供生产、科研应用。

影响水位变化的主要因素是水量的增减。以雨水补给为主的河流，水位随降水的季节变化而升降。降水多的季节水位高，为洪水（汛）期；降水少的季节水位低，为枯水期。季风气候区、地中海气候区、温带大陆性气候和热带草原气候区的河流，水位季节变化明显；而热带雨林气候区和温带海洋性气候区的河流，水位则相对平稳。以冰雪融水补给为主的河流，水位随气温的变化而升降，夏季气温高，融水量大，为洪水期；冬季气温低，融水量小，为枯水期。温带和寒带地区的春季，季节性积雪消融，水位上升，称为春汛。以地下水和湖沼水补给为主的河流，因其补给稳定，水位的季节变化小。

水位的变化主要取决于水体自身水量的变化，约束水体条件的改变，以及水体受干扰的影响等因素。在水体自身水量的变化方面，江河、渠道来水量的变化，水库、湖泊引入和引出水量的变化，蒸发、渗漏等使总水量发生变化，使水位发生相应的涨落变化。

在约束水体条件的改变方面，河道的冲淤和水库、湖泊的淤积，改变了河、湖、水库底部的平均高程；闸门的开启与关闭引起水位的变化；河道内水生植物生长、死亡使河道糙率发生变化导致水位变化。另外，还有些特殊情况，如堤防的溃决，洪水的分洪，以及北方河流结冰、冰塞、冰坝的产生与消亡，河流的封冻与开河等，都会导致水位的急剧变化。

水体的相互干扰影响也会使水位发生变化，如河口汇流处的水流之间会发生相互顶托，水库蓄水产生回水影响，使水库末端的水位抬升，潮汐、风浪的干扰同样影响水位的变化。

无论水位怎么变化，总会遵循一个规律，即水位越高、水量越大，水所具有的重力势能也越大。

水位差即平时我们所说的水的落差，水的落差越大，水能也就越大。而水位差所具有的能量是一种机械能，这种能我们可以用来发电。

世界上最早解决水位差问题的设施是中国的公元前 221 年修筑的灵渠。灵渠的修筑，从秦始皇 28 年即公元前 219 年，向岭南进兵开始，直到秦始皇 33 年即公元前 214 年结束，前后用了四五年的时间，动用军队和民工数百万。当年参加建秦城、建灵渠的军队兵卒，本地人称之为"陡军"，意为建设秦城和灵渠、修筑"陡门"的军队。"陡军"中的大部分人屯兵戍关，留在了当地，娶妻生子，繁衍生息。在灵渠 2000 多年的通航史中，陡门的作用不可低估。灵渠的陡门启闭非常灵活，节省人力，维修方便，在当时是一种非常先进的蓄水漕运方法。宋代范成大在他的《桂海虞衡志》中称赞灵渠陡门："渠绕兴安县，深不数尺，广丈余。六十里间置斗门三十六，土人但谓之斗。舟入一斗，则复闸斗，伺水积渐进，故能循崖而上，建瓴而下，千斛之舟亦可往来。治水巧妙，无如灵渠者。"

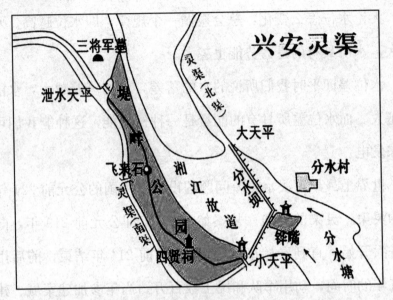

兴安灵渠

灵渠

在国外，最早的船闸直到 1375 年才在欧洲的荷兰出现，此时的我国已经是明朝时期。我国古代劳动人民发明的这种利用船闸的行船技术，一直沿用到现代。全世界的江河湖海航运，在 19 世纪末开建、20 世纪初建成的巴拿马运河，包括我国今天的长江葛洲坝、三峡大坝，都是采用这种"斗闸"的方法解决水位差问题以使船舶通航的。

陡门是历史上最早的船闸，不仅是现代电动闸门的鼻祖，也是世界船闸史上最早的船闸雏形，被人们称为"世界船闸之父"。

第二章 水能的开发利用

　　人类对水能的利用古已有之，如今水能主要用于水力发电。其优点是成本低、可连续再生、无污染，缺点是分布受水文、气候、地貌等自然条件的限制大。

水 力

第一节　早期的水能利用

在人们的生产和经济活动中，水力机械具有不可替代的重要作用，这里所讲的水力机械主要包括 2 种：①将水位升高的机械，如农田中常见的刮车、筒车及龙骨水车等，这种水力机械成为几千年来中国农业的象征和农村的缩影，尤其是龙骨水车，它是中国所特有的；②利用水流能量来做功的机械，如水磨、水碓、水排、水力纺纱机和水轮机等。值得注意的是，水磨在东西方几乎同时诞生，而水碓为中国所特有。

水车

水车是一种古老的提水灌溉工具。水车也叫天车、翻车，车高 10 米多，由一根长 5 米，口径 0.5 米的车轴支撑着 24 根木辐条，呈放射状向四周展开。每根辐条的顶端都带着一个刮板和水斗：刮板刮水，水斗装水。河水冲来，借着水势缓缓转动着 10多吨重的水车，一个个水斗装满了河水被逐级提升上去。临顶，水斗又自然倾斜，将水注入渡槽，流到灌溉的农田里。水车外形酷似古式车轮。轮幅直径大的 20 米左右，小的也在 10 米以上，可提水高达 15～18 米。轮幅中心是合抱粗的轮轴，以及比木斗多一倍的横板。一般大水车可灌溉农田六七百亩，小的也可灌溉一两百亩。水车省工、省力、省资金，在古代可以算是最先进的灌溉工具了。

水车

中国水车发展经历了 3 个阶段：中国正式记载中的水车，则大约到东汉时才产生。25～221 年，中国的毕岚发明翻车（又称龙骨水车）。还有一种说法，三国时魏人马均也有翻车的制造经历（裴松之注《三国志·魏书》）。不论翻车究竟首创于何人之手，总之，从东汉到三国翻车正式的产生，可以视为中国水车成立的第一阶段。水车的发展到了唐宋时代，在轮轴应用方面有很大的进步，能利用水力为动力，作出了"筒车"，配合水池和连筒可以使低水往高送。不仅功效更大，同时节省了宝贵的人力。南宋张孝祥《题能仁院壁诗》中大赞其曰："转此大法轮，救汝旱岁苦。"可见此水车对农事帮助之大。这是中国水车发展的第二个阶段。到了元明时代，轮轴的发展更进步。一架水车不仅有 1 组齿轮，还有多至 3 组，而有"水转翻车"、"牛转翻车"或"驴转翻车"。至此，利用水力和兽力为驱动，使人力终于从翻车脚踏板上解放。同时，也因转轴、竖轮、卧轮等的发展，使原先只用水力驱动的筒车，即使在水量较不丰沛的地方，也能利用兽力而有所贡献。另外，还有"高转筒车"的出现。地势较陡峻而无法避开水塘的地方，也能低水高送，有所开发。这是中国水车发展的第三阶段。

兰州黄河水车是由我国明代时期的兰州人段续在吸收借鉴南方水车技术基础上创造制作的。与南方的龙骨水车不同，黄河水车酷似巨大的古式车轮。轮幅半径大的将近 10 米，小的也有 5 米，可提水达 15～18 米高处。轮辐中心是合抱粗的轮轴，轮轴周边装有两排并行的辐条，每排辐条的尽头装有一块刮板，刮板之间挂有可以活动的长方形水斗。轮子两侧筑有石坝，其主要用途，一是为了固定架设水车的支架，二是为了向水车下面聚引河水。水车上面横空架有木槽。水流推动刮板，驱使水车徐徐转动，水斗则依次舀满河水，缓缓上升，当升到轮子上方正中时，斗口翻转向下，将水倾入木槽，由木槽导入水渠，再由水渠引入田间。虽然它的提灌能力很小，但因昼夜旋转不停，从每年三四月间河水上涨时开始，到冬季水位下降时为止，一架水车，大的可浇六七百亩（1 亩等于 100 平方米）农田，小的也能浇地两三

段续

百亩，而且不需要其他能源，所以很受农民欢迎，在一个相当长的历史期内，黄河水车成为兰州黄河沿岸唯一的提灌工具。

如今作为旅游景点的兰州黄河水车

元明之后，中国水车的发展便再没有多少特别的成就了。水车一物在中国农业发展中有很大贡献：它使耕地地形所受的制约大为减轻，实现丘陵地和山坡地的开发；不仅用之于旱时汲水，低处积水时也可用之以排水。

水排

东汉光武帝建武七年，杜诗创造了利用水力鼓风铸铁的机械水排，这个水排是中国古代的一项伟大的发明，是机械工程史上的一大发明，约早于欧洲1000多年。其中一个转轮的左边装有一个两头粗、中间细的小轮，小轮的一边通过传送皮带和转轮相连，另一边通过顶部的曲柄和左边的杠杆相连，从而实现了转轮和皮带之间的传动。

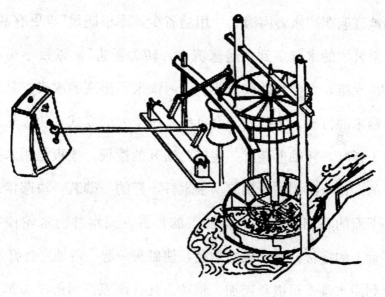

水排

水碓

在水排的基础之上，又出现了利用水力把粮食皮壳去掉的机械——水碓。水碓，又称机碓、水捣器、翻车碓、斗碓或鼓碓水碓，是脚踏碓机械化的结果。最早提到水碓的是西汉桓谭的著作。《太平御览》引桓谭《新论·离事第十一》说："伏义之制杵臼之利，万民以济。及后世加巧，延力借身重以践碓，而利十倍；又复设机用驴骡、牛马及投水而舂，其利百倍。"这里讲的

"投水而舂"，就是水碓。从《新论》一书来看，早在公元前后，水轮带动杆碓，已非新奇之事。汉顺帝永建四年（公元 129 年），尚书仆射虞诩上疏，建议在陇西羌人住地筑河槽、造水碓。从此边远地区遍布"水舂河漕"、"用功省少，军粮饶足"，更有甚者，晋王爵公主的水碓多到"遏塞流水，转为浸害"，以致不得不下令罢造水碓，方使百姓获其便利。西汉末年出现的水碓，是利用水力舂米的机械。水碓的动力机械是一个大的立式水轮，轮上装有若干板叶，转轴上装有一些彼此错开的拨板，拨板是用来拨动碓杆的。每个碓用柱子架起一根木杆，杆的一端装一块圆锥形石头。下面的石臼里放上准备加工的稻谷。流水冲击水轮使它转动，轴上的拨板臼拨动碓杆的梢，使碓头一起一落地进行舂米。

利用水碓，可以日夜加工粮食。凡在溪流江河的岸边都可以设置水碓，还可根据水势大小设置多个水碓，设置 2 个以上的叫做连机碓。魏末晋初，杜预总结了我国劳动人民利用水排原理加工粮食的经验，发明了连机碓。最常用的是设置 4 个碓，《天工开物》绘有 1 个水轮带动 4 个碓的画面。

水碓

水磨

此后不久，又发明了水磨，即用水力作为动力的磨。水磨的
动力部分是一个卧式水轮，在轮的主轴上安装磨的上扇，流水冲
动水轮带动磨转动。在欧洲，利用水力驱动磨石加工谷物的最早
记载是公元前 1 世纪的古希腊时期。涡形轮和诺斯水磨等新的流

体机械出现，主要用来磨谷物，靠水流推动方叶轮而转动，其功率不到 0.5 马力（1 马力约合 0.735 千瓦）。公元前 100 年，罗马功率较大的维特鲁维亚水磨出现，水轮靠下冲的水流推动，通过适当选择大小齿轮的齿数，就可调整水磨的转速，其功率约 3 马力，后来提高到 50 马力，成为当时功率最大的原动机。而在中国，对水力利用最早的记载则是在公元纪年前后的汉代。我们的祖先制造了木制的水轮，在此基础上，到了晋代，我国发明了水磨。利用流水冲击水轮转动从而带动水磨来碾谷、磨面，流水的动能通过带动水轮转化为水轮的动能。祖冲之在南齐明帝建武年间（公元 494～498 年）于建康城（今南京）乐游苑造水碓磨，这显然是以水轮同时驱动碓与磨的机械。几乎与祖冲之同时，崔亮在雍州"造水碾磨数十区，其利十倍，国用便之"，这是以水轮同时驱动碾与磨的机械。可见水磨自汉代以来，发展蓬勃，而到三国时代，多功能水磨机械已经诞生成型。

随着机械制造技术的进步，人们发明了一种构造比较复杂的水磨：一个水轮能带动几个磨转动，这种水磨叫做水转连机磨。从机械角度来看，它是由水轮、轴和齿轮联合传动的机械。动力机械是一个立轮，在轮轴上安装一个齿轮，与磨轴下部平装的一个齿轮相衔接，水轮的转动是通过齿轮使磨转动的。水磨是水力发电动力原理的原始形式。

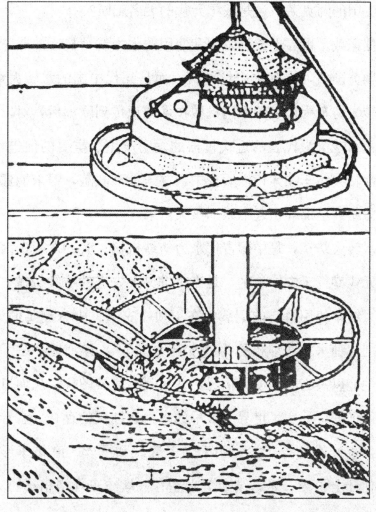

水磨

水力纺纱机

一般看来，英国工业革命以水力纺纱机的发明和使用为开端。那么，到底是谁首先发明和使用了水力纺纱机？是 18 世纪中期英国的阿克莱，还是我国元代的无名工匠？

据记载，世界上最早发明和使用的水力纺纱机，并非工业革命初期英国的阿克莱水力纺纱机，而是元代中国的水转大纺车。以水转大纺车为代表的中国机械技术知识传到欧洲后，对以阿克莱水力纺纱机为代表的近代机器的发明产生了重要的促进作用。虽然水转大纺车在元代以后在中国并未销声匿迹，但未能像阿克莱水力纺纱机那样引起一系列重大后果。

水转大纺车，是中国古代水力纺纱机械。大约发明于南宋后期，元代盛行于中原地区，是当时世界上先进的纺纱机械。关于水转大纺车使用情况的记载，在王祯《农书》中有翔实的记载。王祯把这种水力纺纱机称为"水转大纺车"，详细地介绍了其结构、性能以及当时的使用情况，并且附有简要图样，从而以确凿不疑的证据，证实了世界上最早的水力纺纱机的存在。水转大纺车专供长纤维加捻，主要用于加工麻纱和蚕丝。麻纺车形制较大，估计全长约9米，高2.7米左右（丝纺车规格稍小）。它与人力纺车不同，装有锭子32枚，结构比较复杂和庞大，有转氍、加捻、水轮和传动装置等4个部分。用两条皮绳传动使32枚纱锭运转。这种纺车用水力驱动，工效较高，王祯的《农书》称每车每天可加捻麻纱50千克。

根据王祯的记述，这种水转大纺车已经是一种相当完备的机

水转大纺车（王祯《农书》）

器。它已具备了马克思所说的"发达的机器"所必备的3个部分——发动机、传动机构和工具机。其发动机（今日学界也称之为动力机、原动机）为水轮。王祯说水转大纺车的水轮"与水转碾磨工法俱同"，而中国的水转碾磨在元代之前已有上千年的发展历史，从工艺上来说相当成熟。水转大纺车的传动机构由2个部分组成：传动锭子和传动纱框，用来完成加捻和卷绕纱条的工作。工作机与发动机之间的传动，则由导轮与皮弦等组成。按照一定的比例安装并使用这些部件，可做到"弦随轮转，众机皆动，上卜相应，缓急相宜"。工具机即加捻卷绕机构，由车架、锭子、导纱棒和纱框等构成。为了使各纱条在加捻卷绕过程中不致相互纠缠，在车架前面还装置了32枚小铁叉，用以"分勒绩条"，同时还可使纱条成型良好，作用与缫车上的横动导丝杆相同。这里要指出的是，水转大纺车的工具机所达到的工艺技术水平，即使是用18世纪后期英国工业革命时代纺纱机器中的工具机为尺度来衡量也是非常卓越的。例如著名的"珍妮"纺纱机最初仅拥有8个纱锭，后来才增至12～18个纱锭；而大纺车却拥有32个纱锭。"珍妮"机仅可靠人力驱动，而大纺车却可以水力、畜力或人力为动力。而且，大纺车虽然是用于纺麻，但稍作修改，缩小尺寸，又可用来捻丝，因而具有相当好的适应性。这种纺纱机在构造上非常卓越，因此博得了约瑟·李的高度赞扬，认为它"足以使任何经济史家叹为观止"。由于水转大纺车确实已达到很高水平，因此它的工作性能颇佳，工作效率甚高。诚如王祯所赞的那样，"大小车轮共一弦，一轮才动各相连。机随众檋方齐转，缲上长纤却自缠。可代女工兼倍省，要供布缕未征前"，"车纺工多日百斤，要凭水力捷如神"，"比用陆车，愈便且省"。

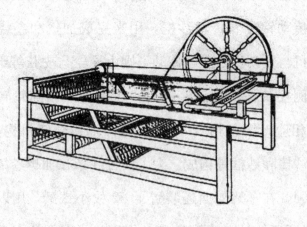

"珍妮"纺纱机

1768年理查德·阿克莱特发明了卷轴纺纱机，因为它以水力为动力，不必用人操作，所以又称为水力纺纱机。水力纺纱机纺出的纱坚韧而结实，解决了生产纯棉布的技术问题。1769年理查德·阿克莱特建立了最早使用机器的水力纺纱厂，有实用价值的阿克莱水力纺纱机才定型并推广。但是水力纺纱机体积很大，但这种机器纺出的纱太粗，还需要加以改进。后来，童工出身的塞缪尔·克隆普顿将理查德·阿克莱特发明的水力纺纱机与哈格里夫斯发明的"珍妮"纺纱机加以改进并结合，于1779年发明出更优良的改良水力纺纱机——骡机。骡机集中了水力纺纱机和"珍妮"纺纱机的优点，不仅可以推动300～400个纱锭，纺出的棉纱柔软、精细又结实，很快得到应用。

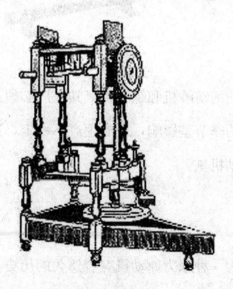

水力纺纱机

1785 年，卡特赖特在水力纺纱机和骡机的启发下，发明了水力织布机。新的水力织布机的工效要比原来带有飞梭的人力织布机高 40 倍。水力织布机的发明，又暂时缓和了织机落后的矛盾，就像一对相互啮合的齿轮，纺机与织机在相互作用中共同发展。

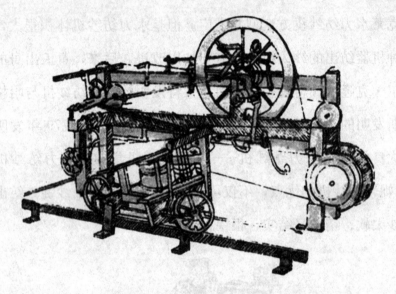

骡机

由水力驱动的纺纱机和织布机，其工厂必须建造在河边，而且受河流水量的季节差影响，造成生产不稳定，这就促使人们研制新的动力驱动机械。

水轮机

水轮机作为一种水力原动机有着悠久的历史，它是一种把水流的能量转换为旋转机械能的动力机械。早在公元前 100 年前后，中国就出现了水轮机的雏形——水轮，用于提灌和驱动粮食加工器械。公元2世纪在欧洲罗马的运河上也已经建有浸在水中由水轮带动的水磨。这些水轮都是利用水流的重力作用或者借助水流对叶片的冲击而转动，因此它们尺寸大、转速低、功率小、效率低。

15世纪中叶到18世纪末，水力学的理论开始有了发展，随着工业的进步，要求有功率更大、转速更快、效率更高的水力原动机。1745年英国学者巴克斯、1750年匈牙利人辛格聂尔分别提出一种依靠水流反作用力工作的水力原动机，但是其效率只有50％左右。原因是转轮进口没有导向部分，存在撞击损失；转轮出口无回收动能的装置，动能未得到充分利用。

1751～1755年，俄国圣彼得堡科学院院士欧拉首先分析了辛格涅尔水轮的工作过程，发表了著名的叶片式机械的能量平衡方程式（欧拉方程）。这个方程式知道今天仍被称为水轮机的基本方程。欧拉所建议的原动机已经有导向部分，但出口流速仍很大，效率仍然不高。

1824年法国学者勃尔金发明一种水力原动机，并第一次成为水轮机，它有导向部分，转轮改进成由弯板制成的叶道，但由于转轮高度太大，叶道太长，水力损失大，使效率低于65％。1827～1834年勃尔金的学生富聂隆和俄国人萨富可夫分别提出导叶不动的离心式水轮机，效率可达 70%，直到 20 世纪它一直得到广泛利用。但其缺点是导向机构在转轮内，故转轮直径大，转速低，出口动能损失大。1837 年的德国的韩施里、1841 年法国的荣华里提出采用吸出管（尾水管）的轴向式水轮机，吸出管是圆柱形，可以使转轮安装在下游水位以上，但还是不能利用转轮出口动能。直到 1847～1849 年美国法兰西斯提出的一种水流由外向内流动的向心式水轮机，其导向机构在转轮外部，尾水管呈圆锥形，尺寸小，转速高。以后在实践中对向心式水轮机不断改进和完善，才发展成现代最广泛使用的混流式水轮机，也称为弗朗西斯式水轮机。

随着工业技术的发展，人们利用坝和压力钢管能集中越来越高的水头，但是强度和气蚀问题限制了混流式水轮机应用水头的提高。1850 年施万克格鲁提出的辐向单喷嘴冲击式水轮机和 1851 年希拉尔提出的辐向多喷嘴冲击式水轮机，是最早出现的冲击式水轮机，但它们的斗叶形状不够好，尺寸较大，效率较低。

1880 年美国人培尔顿提出了采用双曲面水斗的冲击式水轮机。在最初的结构中，不是采用针阀调节流量而是用装在喷嘴前的闸门开关，因而水力损失大。经过不断改进和完善才形成今天的切击式水轮机。这种水轮机结构强度优于混流式，在大气中工作，应用水头不受气蚀条件限制，所以适用于高水头电站。缺点

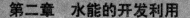

是流量小、功率小。

从 1750～1880 年间 100 多年，水轮机从低级发展成比较完善的现代水轮机，这是社会生产发展和人类共同努力的结果，这个时期主要解决了加大水轮机的过流量和提高水轮机效率两方面的问题。现代水轮机发展的趋势是提高单机容量，比转速和应用水头。提高单机容量可以降低水轮机单位容量的造价。提高水轮机比转速可以增大机组的过流能力，使水轮发电机体积小，重量轻，节省金属材料和制造工时，从而降低了成本，尤其对大容量的机组更有很大好处。各型反击式水轮机由于过流能力不同，受到空化和强度条件限制，适用的水头范围也不同。高比转速水轮机在同样水头的转轮直径的条件下能发出更多的出力，但是，由于过流能力大，空化和强度条件较差，所以适用水头较低，如果能改善它的空化性能和强度条件就能提高它的应用水头，扩大使用范围，并将带来巨大的经济效益。

1889 年，美国的佩尔顿发明了水斗式水轮机。1912 年捷克人卡普兰提出一种转轮带有外轮环，叶片固定的螺桨式水轮机，这种水轮机把转轮移到轴向位置，大大减少了叶片数，因而过流量加大，转速也提高了。1916 年卡普兰又提出取消外轮环，并采用使叶片转动的机构，进一步提高过流量和平均效率，经过不断完善形成现代的轴流转桨式水轮机。1917 年匈牙利的班克提出双击式水轮机。1920年，奥地利的卡普兰发明轴流转桨式水轮机。1921年英国人仇戈提出斜击式水轮机，它们的结构简单，但效率低于切击式，适用于小型水电站。20世纪40年代为了开发低水头的水力资源，出现了贯流式水轮机。它在轴流式的基础上，取消蜗壳，引水室变成了一条管子，导水机构放到轴向位置，机组改为卧式，使得过流量进一步提高，损失减少，尺寸缩小。1950年原苏联BC. 克维亚特科夫斯基教授、1952年瑞士人德列阿兹在英国分别提出斜流式水轮机。由于它具有双重调节，使得适用水头高于轴流式、效率高于混流式等优点，逐步得到推广和应用。第一台斜流式水轮机由德列阿兹研制成功，1957年在加拿大亚当别克蓄能电站投入运行。近年日本在斜流式水轮机生产上发展很快。

水轮机应具有良好的能量特性和空化特性，并具有高的比转速，然而这三者之间是相互矛盾的。因为水轮机比转速的提高通常会带来效率下降和空化性能变坏，这是由于过流能力的加大会使水轮机流道中水流相对速度大大提高。因此我们应从设计方法、制造工艺、材料性能等多方面进行深入的研究，寻求合理解决矛盾的途径。

随着科学技术的不断发展，人们能制造越来越大的水轮机，如轴流式水轮机的叶轮，它的轴竖直地装在轴承上，轴的下端有

3～6片轮叶，当水沿着轴的方向流过来冲击叶轮时，水流的大部分动能传递给水轮机，带动发电机发电。现代的大型水轮机不但功率大，可达几十万千瓦，而且效率高达90%以上。

20世纪80年代初，世界上单机功率最大的水斗式水轮机装于挪威的悉·西马电站，其单机容量为315兆瓦，水头885米，转速为300转/分，于1980年投入运行。水头最高的水斗式水轮机装于奥地利的赖瑟克山电站，其单机功率为22.8兆瓦，转速750转/分，水头达1763.5米，1959年投入运行。

80年代，世界上尺寸最大的转桨式水轮机是中国东方电机厂制造的，装在中国长江中游的葛洲坝电站，其单机功率为170兆瓦，水头为18.6米，转速为54.6转/分，转轮直径为11.3米，于1981年投入运行。世界上水头最高的转桨式水轮机装在意大利的那姆比亚电站，其水头为88.4米，单机功率为13.5兆瓦，转速为375转/分，于1959年投入运行。

世界上水头最高的混流式水轮机装于奥地利的罗斯亥克电站，其水头为672米，单机功率为58.4兆瓦，于1967年投入运行。功率和尺寸最大的混流式水轮机装于美国的大古力第三电站，其单机功率为700兆瓦，转轮直径约9.75米，水头为87米，转速为85.7转/分，于1978年投入运行。

世界上最大的混流式水泵水轮机装于联邦德国的不来梅蓄能

电站。其水轮机水头 237.5 米，发电机功率 660 兆瓦，转速 125 转/分；水泵扬程 247.3 米，电动机功率 700 兆瓦，转速 125 转/分。

世界上容量最大的斜流式水轮机装于苏联的洁雅电站，单机功率为 215 兆瓦，水头为 78.5 米。

第二节　近现代水能的开发方式

水能利用是水资源综合利用的一个重要组成部分。近代大规模的水能利用，往往涉及整条河流的综合开发，或涉及全流域甚至几个国家的能源结构及规划等。它与国家的工农业生产和人民的生活水平提高息息相关。

根据具体情况的不同，对水能的开发也要采取相应的不同措施，归纳起来主要有坝式开发、引水式开发、混合式开发、河流梯级开发、跨流域开发和抽水蓄能开发 6 种，下面分别予以详细阐释。

坝式开发

坝式开发，指在河流峡谷处拦河筑坝，坝前壅水，在坝址处集中落差形成水头，又叫蓄水式开发。其优点是筑坝形成水库，可调节流量，电站引用流量大，电站规模也大，水能利用程度充分；缺点是水头受坝高限制，坝工程量大，形成水库会造成库区淹没，投资大，工期长。坝式开发适用于河道坡降较缓、流量较大、有筑坝建库条件的河段。

引水式开发

引水式开发，指在河流坡降较陡的河段上游，通过人工建造的引水道引水到河段下游集中落差，再经压力管道，引水至厂房。引水式开发的优点是形成的水头较高，无水库，不会造成淹没，工程量小，单位造价较低；缺点是水量利用率及综合利用价值较低，装机规模相对前者较小。引水式开发适用于河道坡降较大、流量较小的山区河段。

混合式开发

混合式开发，指在一个河段上，同时采用高坝和有压引水道共同集中落差的开发方式。混合式兼有坝式和引水式的优点，适用于上游有优良坝址，适宜建库，而紧接水库以下河道有突然变陡或河流有较大的转弯。

河流梯级开发

河流梯级开发，指在河流径流量较稳定、丰富的河段，河流落差大、水急滩多河段，依地势高低依次建设多个水电站，充分利用当地的水能，同时兼顾防洪、航运、灌溉、水产等综合效益。河流梯级开发的意义在于：梯级开发分段修建水库和船闸，能改善不稳定径流，使各段水位相对平稳，利于航行；水库建成后，可抵御洪涝灾害，蓄水后利用落差发电，电力充足用于冶金工业，既保护了森林，又减轻了二氧化硫的排放，使环境质量得到改善；水源充足，小气候得以改善，地力和植被都得到恢复。植被得到恢复，又可以改善不稳定径流；水库蓄水，可进行农业灌溉，对农业生产十分有利。

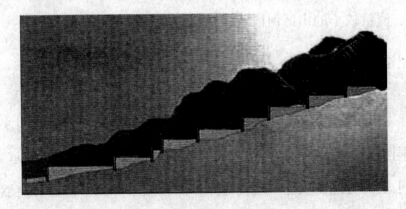

梯级开发

梯级开发是田纳西河开发的核心。

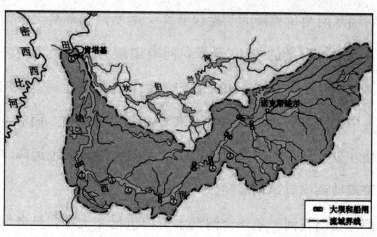

田纳西河梯级开发

跨流域开发

跨流域开发即跨流域调水规划，世界上大型的跨流域调水工程主要有美国萨克拉门托河—圣华金河调水工程、加拿大拉格朗德河调水工程、中国南水北调工程。

美国加利福尼亚州的中央河谷盆地，从西北斜向东南的轴线长约 800 千米，横向宽约 190 千米，占加州面积的 1/3 以上。河谷北部主要为自北向南流的萨克拉门托河流域，南部主要为自南向北流的圣华金河流域；盆地四周环山，旧金山为两河汇合后注入太平洋的缺口。平坦的冲积川地约为 640 千米×72.5 千米，约占河谷盆地面积的 1/3。

区域内年雨量分布北多南少，例如北部红崖平均年雨量 559

毫米，而东南角贝克斯菲尔德仅有 152 毫米；东部高山区雨量丰沛，其北端年雨量达 2030 毫米，向南递减为 880 毫米。萨克拉门托河的年径流量约占中央河谷的 70%，而圣华金河流域的需水量则占中央河谷的 80%。径流量集中在冬、春两季，而农业需水量主要在夏、秋。人口及大城市工业密集在沿海，也远离丰水地区，跨流域调水有迫切需要。

萨克拉门托河—圣华金河调水工程包括 2 大项：垦务局的中央河谷工程、加州政府负责进行的加州调水工程。1928 年起加州连续几年大旱，1933 年通过了加州中央河谷法案，但因经济衰退，加州政府无力进行此项规模巨大的工程建设，乃由联邦政府机构垦务局先进行中央河谷工程的建设，于 1940 年开始，中央河谷的肥沃可耕地 412 万公顷中，1954 年已有 200 万公顷有水灌溉。加州政府于 1960 年发行公债 17.5 亿美元后正式开工，1962 年开始局部供水，1973 年建成第一期工程，包括水库 18 座、泵站 15 座、水电厂 5 座、渠道 870 千米。此两项大工程密切结合。

拉格朗德河发源于加拿大魁北克省中部瑙科坎（Naococane）湖，河流先向北流，然后转向西流，先后接纳萨卡米（Sakami）河、卡瑙普斯考（Kanaaupscow）河等支流，在罗根里弗附近注入詹姆斯湾。全长 861 千米，流域面积 9.8 万平方千米，年均降雨量 750 毫米，河口多年平均流量 1730 立方米/秒，年均径流量

546 亿立方米。

拉格朗德河发源于加拿大魁北克省中部瑙科坎湖，是加拿大詹姆斯湾五大水系之一，蕴藏着丰富的水能资源，尤其是下游干流 440 千米河段内有落差 360 米，水电资源集中，根据规划拟分 4 级开发。规划中考虑从相邻河流进行跨流域调水，集中到一条河流上进行梯级开发，扩大其发电能力，比较经济。两条河流跨流域调水的流量分别为 780 立方米/秒和 807 立方米/秒，其规模也是不小的。

我国的跨流域调水南水北调工程通过跨流域的水资源合理配置，大大缓解北方水资源严重短缺问题，促进南北方经济、社会与人口、资源、环境的协调发展。南水北调分东线、中线、西线 3 条调水线。西线工程在最高一级的青藏高原上，地形上可以控制整个西北和华北，因长江上游水量有限，只能为黄河上中游的西北地区和华北部分地区补水；中线工程从第三阶梯西侧通过，从长江中游及其支流汉江引水，可自流供水给黄淮海平原大部分地区；东线工程位于第三阶梯东部，东线工程的起点在长江下游的江都，终点在天津。东线工程供水范围涉及苏、皖、鲁、冀、津 5 省份。因地势低需抽水北送。

第三章　水力发电

　　水力发电是利用河流、湖泊等位于高处具有位能的水流至低处，再藉水轮机为原动力，推动发电机产生电能。

　　水力发电往往是综合利用水资源的一个重要组成部分，与航运、养殖、灌溉、防洪和旅游组成水资源综合利用体系。

　　水能是一种取之不尽、用之不竭、可再生的清洁能源。但为了有效利用天然水能，需要人工修筑能集中水流落差和调节流量的水工建筑物，如大坝、引水管涵等。因此工程投资大、建设周期长。但水力发电效率高，发电成本低，机组启动快，调节容易。由于利用自然水流，受自然条件的影响较大。

第一节　水力发电原理

　　河流、湖泊位于高处具有位能的水流至低处，使天然水能转化成可利用水能，即水的重力势能转化为水流的动能，推动水轮机旋转，将水的动能转化为旋转机械能。在水轮机上接上另一种机械——发电机，水轮机的旋转带动发电机旋转切割磁力线产生电能。这就是水力发电的原理。

　　更具体一点讲，以具有位能或动能的水冲水轮机，水轮机即开始转动，若我们将发电机连接到水轮机，则发电机即可开始发电。如果我们将水位提高来冲水轮机，可发现水轮机转速增加。因此可知水位差越大，则水轮机所得动能越大，可转换的电能越大。

　　其能量转化过程是：上游水的重力势能转化为水流的动能，水流通过水轮机时将动能传递给汽轮机，水轮机带动发电机转动将动能转化为电能。因此是机械能转化为电能的过程。

　　利用水流的动能和势能来生产电能的场所就是水电厂，或叫做水电站。一般是在河流的上游筑坝，提高水位以造成较高的水头；建造相应的水工设施，以有效地获取集中的水流。水经引水机沟引入水电厂的水轮机，驱动水轮机转动，水能便被转换为水轮机的旋转机械能。与水轮机直接相连的发电机将机械能转换成电能，并由发电厂电气系统升压送入电网。

水力发电有 4 个重要因素：

（1）水电站装机容量或水轮机的功率；

（2）通过水轮机的流量；

（3）水轮机的水头；

（4）水轮机的效率。

这里需要解释一下什么是"水头"，这个词在玉器行业里也有，用来形容玉的种和纯度。在水力学中，水头是表示能量的一种方法，是指单位质量的流体所具有的机械能；用高度表示，常用单位为"米"；具体是指水坝和机头的高度落差。

水电站上游引水进口断面和下游尾水出口断面之间的单位重量水体所具有的能量差值，常以"米"计量。一般以两处断面的水位差值表示，称为水电站毛水头。

水能是一种可再生的清洁能源，所以水力发电具有下列优点：

（1）利用引导水路及压力水管将水量之位能转换为动能，推动原动机工作。

（2）可按需供电，发电不仅起动快，而且能在数分钟内完成发电。

（3）水力发电运营成本低，但效率却高达 90% 以上。

（4）单位输出电力之成本最低。

（5）取之不尽，用之不竭；环境优美，能源洁净。

水力发电的缺点主要包括以下 6 点：

（1）因地形限制无法建造太大容量，单机容量为 300 兆瓦左右。

（2）建厂期间长，基础建设投资大，建造费用高。

（3）建厂后不易增加容量。

（4）电力的输出极易受气候、降水的影响。降水季节变化大的地区，少雨季节发电量少甚至停止发电。

（5）筑坝移民，搬迁难度大。

（6）对生态造成一定的破坏，河流的变化对动植物产生一定的负面影响。

第二节　水轮发电机

在水电站中，水轮机驱动发电机，将水能最终转换为电能，这一整套设备构成水轮发电机组。

早在公元前 100 年前后，中国就出现了水轮机的雏形——水轮，用于提灌和驱动粮食加工器械。现代水轮机则大多数安装在水电站内，用来驱动发电机发电。在水电站中，上游水库中的水经引水管引向水轮机，推动水轮机转轮旋转，带动发电机发电。做完功的水则通过尾水管道排向下游。水头越高、流量越大，水轮机的输出功率也就越大。

水轮机按工作原理可分为冲击式水轮机和反击式水轮机两大类。冲击式水轮机的转轮受到水流的冲击而旋转，工作过程中水流的压力不变，主要是动能的转换；反击式水轮机的转轮在水中受到水流的反作用力而旋转，工作过程中水流的压力能和动能均有改变，但主要是压力能的转换。

冲击式水轮机按水流的流向可分为切击式（又称水斗式）和斜击式两类。斜击式水轮机的结构与水斗式水轮机基本相同，只是射流方向有一个倾角，只用于小型机组。

早期的冲击式水轮机的水流在冲击叶片时，动能损失很大，效率不高。1889 年，美国工程师佩尔顿发明了水斗式水轮机，它有流线型的收缩喷嘴，能把水流能量高效率地转变为高速射流的动能。

反击式水轮机可分为混流式、轴流式、斜流式和贯流式。在混流式水轮机中，水流径向进入导水机构，轴向流出转轮；在轴流式水轮机中，水流径向进入导叶，轴向进入和流出转轮；在斜流式水轮机中，水流径向进入导叶而以倾斜于主轴某一角度的方向流进转轮，或以倾斜于主轴的方向流进导叶和转轮；在贯流式水轮机中，水流沿轴向流进导叶和转轮。

　　轴流式、贯流式和斜流式水轮机按其结构还可分为定桨式和转桨式。定桨式的转轮叶片是固定的；转桨式的转轮叶片可以在运行中绕叶片轴转动，以适应水头和负荷的变化。

　　各种类型的反击式水轮机都设有进水装置，大、中型立轴反击式水轮机的进水装置一般由蜗壳、固定导叶和活动导叶组成。蜗壳的作用是把水流均匀分布到转轮周围。当水头在 40 米以下时，水轮机的蜗壳常用钢筋混凝土在现场浇注而成；水头高于 40 米时，则常采用拼焊或整铸的金属蜗壳。

　　在反击式水轮机中，水流充满整个转轮流道，全部叶片同时受到水流的作用，所以在同样的水头下，转轮直径小于冲击式水轮机。它们的最高效率也高于冲击式水轮机，但当负荷变化时，水轮机的效率受到不同程度的影响。

　　反击式水轮机都设有尾水管，其作用是：回收转轮出口处水流的动能；把水流排向下游；当转轮的安装位置高于下游水位时，将此位能转化为压力能予以回收。对于低水头大流量的水轮机，转轮的出口动能相对较大，尾水管的回收性能对水轮机的效

反击式水轮机

率有显著影响。

　　轴流式水轮机适用于较低水头的电站。在相同水头下，其比转数较混流式水轮机为高。轴流定桨式水轮机的叶片固定在转轮体上，叶片安放角不能在运行中改变，效率曲线较陡，适用于负荷变化小或可以用调整机组运行台数来适应负荷变化的电站。

　　轴流转桨式水轮机是奥地利工程师卡普兰在 1920 年发明的，故又称卡普兰水轮机。其转轮叶片一般由装在转轮体内的油压接力器操作，可按水头和负荷变化作相应转动，以保持活动导叶转角和叶片转角间的最优配合，从而提高平均效率，这类水轮机的最高效率有的已超过 94％。

贯流式水轮机

贯流式水轮机的导叶和转轮间的水流基本上无变向流动，加上采用直锥形尾水管，排流不必在尾水管中转弯，所以效率高，过流能力大，比转数高，特别适用于水头为 3～20 米的低水头电站。这种水轮机装在潮汐电站内还可以实现双向发电。这种水轮机有多种结构，使用最多的是灯泡式水轮机。

灯泡式机组的发电机装在水密的灯泡体内。其转轮既可以设计成定桨式，也可以设计成转桨式。世界上最大的灯泡式水轮机（转桨式）装在美国的罗克岛第二电站，水头 12.1 米，转速为 85.7 转/分，转轮直径为 7.4 米，单机功率为 54 兆瓦，于 1978 年投入运行。

混流式水轮机是世界上使用最广泛的一种水轮机，由美国工

灯泡式水轮机组

程师弗朗西斯于 1849 年发明，故又称弗朗西斯式水轮机。与轴流转桨式相比，其结构较简单，最高效率也比轴流式的高，但在水头和负荷变化大时，平均效率比轴流转桨式的低，这类水轮机的最高效率有的已超过 95％。混流式水轮机适用的水头范围很宽，为 5～700 米，但采用最多的是 40～300 米。

混流式的转轮一般用低碳钢或低合金钢铸件，或者采用铸焊结构。为提高抗汽蚀和抗泥沙磨损性能，可在易气蚀部位堆焊不锈钢，或采用不锈钢叶片，有时也可整个转轮采用不锈钢。采用铸焊结构能降低成本，并使流道尺寸更精确，流道表面更光滑，有利于提高水轮机的效率，还可以分别用不同材料制造叶片、上冠和下环。

斜流式水轮机是瑞士工程师德里亚于 1956 年发明，故又称德里亚水轮机。其叶片倾斜的装在转轮体上，随着水头和负荷的变化，转轮体内的油压接力器操作叶片绕其轴线相应转动。它的最高效率稍低于混流式水轮机，但平均效率大大高于混流式水轮机；与轴流转桨水轮机相比，抗气蚀性能较好，飞逸转速较低，适用于 40～120 米水头。

水泵水轮机主要用于抽水蓄能电站。在电力系统负荷低于基本负荷时，它可用作水泵，利用多余发电能力，从下游水库抽水到上游水库，以位能形式蓄存能量；在系统负荷高于基本负荷时，可用作水轮机，发出电力以调节高峰负荷。因此，纯抽水蓄能电站并不能增加电力系统的电量，但可以改善火力发电机组的运行经济性，提高电力系统的总效率。

早期发展的或水头很高的抽水蓄能机组大多采用三机式，即由发电电动机、水轮机和水泵串联组成。它的优点是水轮机和水泵分别设计，可各自具有较高效率，而且发电和抽水时机组的旋转方向相同，可以迅速从发电转换为抽水，或从抽水转换为发电。同时，可以利用水轮机来启动机组。它的缺点是造价高，电站投资大。

斜流式水泵水轮机转轮的叶片可以转动，在水头和负荷变化

连接水轮机和发电机的传动轴

时仍有良好的运行性能，但受水力特性和材料强度的限制，到 80 年代初，它的最高水头只用到 136.2 米（日本的高根第一电站）。对于更高的水头，需要采用混流式水泵水轮机。

20 世纪以来，水电机组一直向高参数、大容量方向发展。随着电力系统中火电容量的增加和核电的发展，为解决合理调峰问题，世界各国除在主要水系大力开发或扩建大型电站外，正在积极兴建抽水蓄能电站，水泵水轮机因而得到迅速发展。

为了充分利用各种水力资源，潮汐、落差很低的平原河流甚至波浪等也引起普遍重视，从而使贯流式水轮机和其他小型机组迅速发展。

水轮发电机组的附属设备有调速系统和蝴碟阀与快速闸门等。

（1）调速系统。其作用是控制进入水轮机转轮的流量来调节水轮发电机的有功功率和转速，并实现机组的起停、发电，调相、甩负荷等操作控制及各种工况之间的转换。水轮机调速系统的动作原理与汽轮机的相同。

调速系统分成机械液压（机调）、电气液压（电调）和微机调速器3类。微机调速器的性能明显优于机调和电调，可用计算机软件很方便地实现调节控制功能，其可靠性、可用性、可维修性大幅度提高。目前我国大、中型水电机组主要采用微机调速器。

（2）蝴蝶阀与快速闸门。蝴蝶阀与快速闸门一般分别安装在水轮机蜗壳前的钢管上或压力引水管的进水口处，当机组发生事故而导水机构又同时发生故障不能及时关闭时，可迅速关闭蝴蝶阀或快速闸门，紧急停机，避免事故扩大。在停机或检修时将其关闭，还可减少漏水及确保工作安全。

较常用的为蝴蝶阀，有横轴和竖轴两种结构型式，阀体，形状如铁饼。大、中型蝴蝶阀均采用油压操作。

第三节　水力发电站类型

水电站构造

水电站一般包括由挡水、泄水建筑物形成的水库和水电站引水系统、发电厂房、机电设备等。

水电站的组成建筑物包括枢纽建筑物和发电建筑物，其中枢纽建筑物由挡水建筑物、泄水建筑物、过坝建筑物组成；发电建筑物由进水建筑物、引水建筑物、平水建筑物和厂区枢纽组成。

挡水建筑物指截断水流、集中落差、形成水库的拦河坝、闸或厂房等水工建筑物，如重力坝、拱坝、土石坝、拦河闸等。拦河坝又称大坝，是水电站的主要建筑物，作用是挡水提高水位，积蓄水量，集中上游河段的落差形成一定水头和库容的水库，水轮发电机组从水库取水发电。大坝可分为混凝土坝和土石坝 2 大类。

泄水建筑物用于渲泄洪水、放空水库、冲砂、排水和排放漂水，主要包括溢洪坝、溢流坝、泄水闸、泄洪隧道及底孔等。

过坝建筑物主要指过船、过木、过鱼。

进水建筑物指从河道或水库中取水的建筑物，如进水口、沉沙池。进水口分为有压进水口及无压进水口两大类。有压进水口设在水库水面以下，以引进深层水为主，进水口后接有压隧洞或管道。无压进水口内水流为明流，以引进表层水为主，进水口后一般接无压引水道。平水建筑物指水电站负荷发生变化时，用以平稳引水建筑物中流量和压力的建筑物，如调压室、压力前池等。

厂房枢纽具体包括水电站的厂房、变压器场、高压开关站、交通线路及尾水渠等建筑物。其中厂房是安装水轮发电机组及其配套设备，将水能转换为机械能进而转换为电能的场所。水电站厂房结构一般可分为 3 个组成部分：

（1）上部结构。主厂房的上部结构包括各层楼板及其梁柱系统、吊车梁和构架，以及屋顶及围护墙等。其作用主要为承受设备重量、活荷重和风雪荷载等，并传递给下部结构。

（2）下部结构。厂房的下部结构包括蜗壳、尾水管和尾水墩墙等结构。对于河床式厂房，下部结构中还包括进水口结构。其作用主要为承受水荷载的作用、构成厂房的基础，承受上部结构、发电支承结构，将荷载分布传给地基和防渗等。

（3）发电机支承结构。发电机支承结构的作用是承受机组设备重以及动力荷载，传给下部结构。根据自然条件、机组容量和电站规模可分为地面厂房、地下厂房和坝内厂房几种。

水电站分类

水力发电站需要把水的势能和动能转变成电能。按集中落差方式的不同，主要可分为堤坝式水电站、引水式水电站、抽水蓄能水电站等。

（1）堤坝式水电站：在河床上游修建拦河坝，将水积蓄起来，抬高上游水位，形成发电水头的方式称为堤坝式。

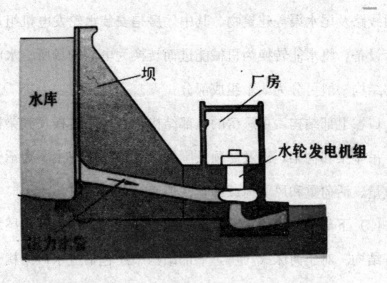

坝后式水电站

堤坝式水电站又可分为坝后式、河床式及混合式水电站等。

①坝后式水电站。这种水电站的厂房建筑在坝的后面，全部水头由坝体承受，水库的水由压力水管引入厂房，转动水轮发电机组发电。坝后式水电站适合于高、中水头的情况。

②河床式水电站。这种水电站的厂房和挡水坝联成一体，厂房也起挡水作用，因修建在河床中，故名河床式。河床式水电站适宜于建筑在河床宽阔、落差小、流量大的平原河道上，河床式水电站水头一般在 20～30 米以下。

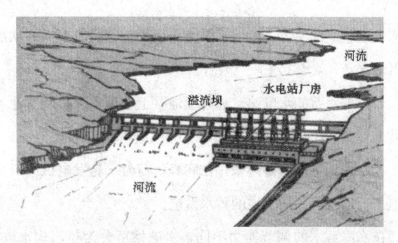

河床式水电站

③混合式水电站。混合式水电站的发电落差，一部分靠大坝蓄水提高水位，获得落差，一部分利用地形修建引水工程集中落差。

（2）引水式水电站：水电站建筑在山区水流湍急的河道上或

河源厂房　　泄洪网

富春江河床式水电站

河床坡度较陡的地方，由引水渠道造成水头，一般不需修坝或只修低堰。

（3）抽水蓄能水电站。具有上池（上部蓄水库）和下池（下部蓄水库），在低谷负荷时水轮发电机组可变为水泵工况运行，将下池水抽到上池储蓄起来，在高峰负荷时水轮发电机组可变为发电工况运行，利用上池的蓄水发电。

按水库蓄水的调节能力不同，水电站可分为径流式水电站、日调节水电站、周调节水电站、年调节水电站和多年调节水电站。

径流式水电站没有调节水库，上游来多少水发多少电，发电能力随季节水量变化，丰水期要大量弃水。

日调节水电站有水库蓄水，但库容较小，只能将一天的来水蓄存起来用在当天要求发电的时候。

周调节水电站是将双休日的来水积存起来，平均在本周的工作日使用。

年调节水电站的库容较大，可将平水年的丰水期多余的水量贮存起来，在枯水期间使用。

多年调节水电站的库容更大，能把丰水年多余的水量积存起来在枯水年使用。

年调节和多年调节水电站具有比较稳定和稳定的发电能力，在运行时同样可以进行日调节和周调节，能够充分利用水力资源。

水电站类型还可以按照水头的高低进行划分，目前我国按以下标准划分：

（1）最大水头 40 米以下的水电站称为低水头水电站；

（2）最大水头在 40～200 米的水电站称为中水头水电站；

（3）最大水头在 200 米以上的水电站称为高水头水电站。

抽水蓄能电站

20 世纪 50 年代以来，抽水蓄能机组在世界各国受到普遍重视并获得迅速发展。

电力的生产和消费是同时完成的。在负荷低谷时，发电厂的发电量可能超过了用户的需要，电力系统有剩余电能；而在负荷高峰时，又可能出现发电满足不了用户需要的情况。建设抽水蓄能电站能够较好地解决这个问题。抽水蓄能电站有一个建在高处的上水库（上池）和一个建在电站下游的下池。抽水蓄能电站的机组能起到作为一般水轮机的发电的作用和作为水泵将下池的水抽到上池的作用。在电力系统的低谷负荷时，抽水蓄能电站的机组作为水泵运行，在上池蓄水；在高峰负荷时，作为发电机组运行，利用上池的蓄水发电，送到电网。

抽水蓄能式电站

建设抽水蓄能电站的关键是选好站址。一般要求上、下池之间的落差愈高愈好。大多在已有水库的地方寻找山头建设上池，以原有水库作为下池。也可选择已有水库附近的谷地建设下池，以原有水库作为上池。站址选对了可大量节省建设资金。

抽水蓄能电站的关键设备是水泵、水轮、电动发电机组，初期的机组是水泵与水轮机分开的组合式水泵水轮机组。以后才发展为可逆水泵水轮机，把水泵与水轮机合为一台机器：正转是水轮机，反转即是水泵。电动发电机也是一台特殊的电机，受电时是电动机驱动水泵抽水，为上池放水；水泵变为水轮机时，电动发电机也就成为发电机。

抽水蓄能电站除调峰、填谷之外，也可用作调频、调相和事故备用。抽水蓄能电站能提高电力系统高峰负荷时段的电力（功率），但它抽水和发电都有损耗，俗称用 4 千瓦时换 3 千瓦时（即低谷时段如以 4 千瓦时的电量去抽水，换来高峰时段放水发电只有 3 千瓦时）。抽水蓄能电站的效益除峰谷电价差之外，更重要的是改善了电网的供电质量，提高了火电机组，特别是核电机组的负荷率，降低了这些机组的发电成本。

抽水蓄能电站的机组，早期是发电机组和抽水机组分开的四机式机组，继而发展为水泵、水轮机、发电－电动机组成的三机式机组，进而发展为水泵水轮机和水轮发电－电动机组成的二机式可逆机组，极大地减小了土建和设备投资，得以迅速推广。

由于抽水蓄能机组技术上的突破，调峰火电所用的石油价格上涨，以及某些国家的核电比重大增，故抽水蓄能电站作为有利

的调峰电源，得到迅速发展。1960 年全世界抽水蓄能电站容量才
350 万千瓦，以西欧占多数，1970 年增至 1600 万千瓦，美国、
日本大量发展。到 1980 年急增至 4600 万千瓦。据 1985 年的初
步统计，世界上已建成的抽水蓄能电站容量已逾 6500 万千瓦。
世界上第一座抽水蓄能电站是瑞士于 1879 年建成的勒顿抽水蓄
能电站。世界上装机容量最大的抽水蓄能电站是装机 210 万千
瓦，于 1985 年投产的美国巴斯康蒂抽水蓄能电站。

第四节　小水电

　　小水电是小型水电站的简称。其装机容量的规模，各国规定
不一。1980 年召开的第二次国际小水电技术发展与应用考察研究
讨论会议规定：单站容量 1001～12000 千瓦为小水电站，101～
1000 千瓦为小小水电站，100 千瓦及其以下为微型水电站。中国
在 1986 年规定，单站容量 25000 千瓦以下的水电站均可按小水
电政策建设和管理。

　　适于建造容量达 10 兆瓦的小水电站的河流很多，开发小水
电资源的地点一般都选在经济上最有吸引力的站址。高水头和靠
近用电中心是小水电站站址必须具备的重要条件。因此，小水电

的开发并不仅局限于资源丰富的地区。

现已建成的水电站的规模大小不等，小的电站的装机容量还不足 1 兆瓦，大的则超过 10000 兆瓦。水电发电的效率为同等规模的热电站的两倍以上。当前，世界各地的农村和边远地区十分需要增加电力供应。在发展中国家，居住在这些地区的人中，只有约 5% 能用上电，小水电站的发展速度一直很缓慢。

然而，在工业发达国家，由于热电站造成的污染问题以及小水电站建造周期短和开发成本低等优点，再次激起了人们对小水电开发的兴趣。其原因是：

（1）运行寿命长，坚固耐用，价格稳定，并且水资源是可再生的。对于用电规模较小的边远地区来说，所有这些优点使水力电站成为最具有吸引力的选择对象。

（2）拥有连接电厂和用电中心的输电网的地区并不多。许多地区，特别是在发展中国家，还必须依赖就地的小型电厂供电，几乎处处都有可以用来发电的小河流。

（3）一般来说，小型水电站造成的环境影响较小。当把河水用于其他目的时，如灌溉和供水等，如能同时加上小水电发电系统，往往会更有吸引力。

（4）在工业化国家，常常把小型水电站作为局部地区工业的能源。但在适宜的条件下，小型电站也可并入公用供电系统供电。

（5）对已有的大坝和设施上的旧的小型电站进行改建，发电的成本较低，在经济上比较合算。

当今的小水电技术是已经得到充分验证的成熟技术。电站的建造不复杂，所需工艺也较简单，并可大量地利用当地的劳动力和材料。另外，水电站建造周期短。各种现有的并已经过实践验证的电站设计方案，无论是建造方面的，还是运行方面的，均可广泛适用于各地的不同的条件。小水电站运行方式多种多样，既可是简单的人工操作，也可以是全自动的计算机化控制。

小水电站开发在土木工程方面的工作主要是建筑大坝、溢洪水道或引水堰及通向电厂的水道。水通过水道流到电厂，电厂依靠带有机电设备的涡轮机将水的位能和动能转换成电能。小水电站一般都是径流式电站，利用的是自然水流，没有蓄水库。对于小型水电站项目来说，建设大坝是不合算的，因此，通常只建造最简单的矮坝或引水堰。

小水电站在规模上没有优势，单位装机容量成本较高。在目前，500～10000 千瓦的电站投资成本约为 1500～4000 美元/千瓦。在某些特殊情况下，成本可能还会更高些。在站址条件特别好的地方，或者当地的投入较为低廉时，成本可能会低一些。一般来说，每千瓦装机容量的项目成本与装机容量和水头成反比。

但各个设计参数一般是根据当地的条件确定的，可变更的余地较小。如果在一个现有的供水或灌溉系统上增加发电系统，往往花费不多。因此，今后应发展多用途项目，它可以很好地成为以后增扩的小水电站的主要平台。对于再小一些的水电站，则更需要重点研究如何降低成本，甚至要不惜牺牲运行效率来达到降低成本的目的。对于那些并非十分重要的功能，则应舍去，并要尽可能就地取材。如果小电站能够就地供电，其经济价值就可得到提高。否则，解决输电问题将会占去电站项目投资的相当一部分资金。如果要建新的专用输电网，情况更是如此。如果输电费用变成电站投资的重要组成部分，就会使电站项目的成本明显上升。

小水电从容量角度来说处于所有水电站的末端，世界小水电在整个水电的比重大体在5%～6%。

我国在50年代，一般称500千瓦以下的水电站为农村水电站；到60年代，小水电站的容量界限到3000千瓦，并在一些地区出现了小型供电线路；80年代以后，随着以小水电为主的农村电气化计划的实施，小水电的建设规模迅速扩大，小电站定义也扩大到2.5万千瓦；90年代以后，国家计委、水利部进一步明确装机容量5万千瓦以下的水电站均可享受小水电的优惠政策，并出现了一些容量为几万至几十万千伏安的地方电网。

近年来，由于全国性缺电严重，民企投资小水电如雨后春笋，悄然兴起。国家鼓励合理开发和利用小水电资源的总方针是确定的，2003 年开始，特大水电投资项目也开始向民资开放。2005 年，根据国务院和水利部的"十一五"计划和 2015 年发展规划，中国将对民资投资小水电以及小水电发展给予更多优惠政策。中国小水电可开发量占全国水电资源可开发量的 23％，居世界第一位。

第五节　潮汐电站

潮汐是沿海地区的一种自然现象。潮汐现象是指海水在天体（主要是月球和太阳）引力作用下所产生的周期性运动，习惯上把海面垂直方向涨落称为潮汐，而海水在水平方向的流动称为潮流。

潮汐导致海平面周期性地升降，其中蕴藏着巨大的能量。在涨潮的过程中，汹涌而来的海水具有很大的动能，而随着海水水位的升高，就把海水的巨大动能转化为势能；在落潮的过程中，海水奔腾而去，水位逐渐降低，势能又转化为动能。因海水涨落及潮水流动所产生的能量称为潮汐能，包括海水潮涨和潮落形成的水的势能与动能。

潮汐能的利用方式主要是发电。潮汐发电就是利用海湾、河口等有利地形，建筑水堤，形成水库，大量蓄积海水，在坝中或坝旁建造水利发电厂房，通过水轮发电机组进行发电。

潮汐发电是水力发电的一种形式，从发电原理来说两者并无根本差别，都需要筑坝形成水头，使用水轮发电机组把水能或潮汐能转变成电能，生产的电能通过输电线路输送到负荷中心等。但潮汐能源和常规水力能源相比还是有许多特殊之处，如潮汐电站以海水作为工作介质，利用海水位和库水位的落差发电，设备的防腐蚀和防海生物附着的问题是常规水电站没有的；但是潮汐能源是一种可再生的洁净能源，没有污染；潮汐电站没有水电站的枯水期问题，电量稳定而且还可以做到精确预报；建设潮汐电站不需移民，不仅无淹没损失，相反还可围垦大片土地，有巨大的综合利用效益。

利用潮汐发电必须具备两个物理条件：第一，潮汐的幅度必须大，至少要有几米；第二，海岸地形必须能储蓄大量海水，并可进行土建工程。就是在有潮汐的河口或海湾筑一条大坝，将河口或海湾与海洋隔开构成水库，水轮发电机组就装在拦海大坝里。然后利用潮汐涨落时海水位的升降，使海水通过轮机转动水轮发电机组发电。潮汐电站可以是单水库或双水库。

潮汐电站按照运行方式和对设备要求的不同，可以分成单库单向型、单库双向型和双库单向型 3 种。

单库单向型是在海湾（或河口）筑起堤坝、厂房和水闸，将海湾（或河口）与外海隔开，涨潮时将贮水库闸门打开，向水库充水，平潮时关闸，落潮后，待贮水库与外海有一定水位差时开闸，形成强有力的水龙头冲击水轮发电机组，驱动其发电。

单库单向发电方式的优点是设备结构简单，投资少。缺点是发电断续，1 天中约有 65％以上的时间处于贮水和停机状态。

单库双向型同样只建一个水库，它采取巧妙的水工设计或采用双向水轮发电机组，使电站在涨、落潮时都能发电。但这两种发电方式在平潮时都不能发电。它有两种设计方案：第一种方案利用两套单向阀门控制两条向水轮机引水的管道。在涨潮和落潮时，海水分别从各自的引水管道进入水轮机，使水轮机单向旋转带动发电机；第二种方案是采用双向水轮机组。

双库单向型是在有利条件的海湾建起两个水库，实现潮汐能连续发电。涨潮时，向高贮水库充水；落潮时，由低贮水库排水，两库水位始终保持一定的落差，水轮发电机安装在两水库之间，连续单向旋转，可以连续不断地发电。其缺点是要建两个水库，投资大且工作水头降低。

潮汐发电的关键技术主要包括低水头、大流量、变工况水轮机组的设计制造；电站的运行控制；电站与海洋环境的相互作

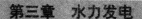

用，包括电站对环境的影响和海洋环境对电站的影响，特别是泥沙冲淤问题；电站的系统优化，协调发电量、间断发电以及设备造价和可靠性等之间的关系；电站设备在海水中的防腐等。

潮汐发电有许多优点。例如，潮水来去有规律，不受洪水或枯水的影响；以河口或海湾为天然水库，不会淹没大量土地；不污染环境、不消耗燃料等。但潮汐电站也有工程艰巨、造价高、海水对水下设备有腐蚀作用等缺点。但综合经济比较结果，潮汐发电成本低于火电。

19世纪末，德国工程师克诺布洛赫提出了建立潮汐发电站的方案。他提出在德国的易北河下游修建蓄水池，在涨潮时蓄积海水进行发电，但未能成功。原因是：潮汐产生的落差远远低于河流的落差，潮汐水位有明显的日、月变化和年变化，很不固定，有时大、小潮之间的水位差异可达一倍左右；海水还有腐蚀性，易发生生物附着以及水库泥砂淤积等问题。

潮汐发电的实际应用首推1912年在德国的胡苏姆兴建的一座小型潮汐电站，由此开始，潮汐发电的理想变成了现实。

1913年，法国科学家派恩提出在诺德斯特兰岛和法国大陆之间建立一座潮汐发电站的设计方案：在岛与大陆之间建造一条2.8千米的大坝；坝上再建造一座试验性发电站。第一次世界大战期间该电站成功地发出了电。这是世界上第一座潮汐发电站，也是人类第一次从海洋里获得电能。它采用的是单向型运行方式，即只在落潮时才能发电，所以每天只能发电 10 小时左右，未能充分利用潮汐能。

潮汐发电站

直到 1967 年，法国人才在英吉利海峡的朗斯河口的布列塔尼省，建造了世界上第一座具有商业规模、发电量为 24 万千瓦的大型潮汐发电站。电站规模宏大，大坝全长 750 米，坝顶是公路，坝下设置船闸、泄水闸和发电机房。平均潮差 8.5 米，最大潮差 13.5 米。该电站采用的是单库双向型发电方式，只建一个蓄水库和一条堤坝，涡轮机和发电机组便均能满足正反双向运转的要求。朗斯电站的涡轮机组的结构很像电灯泡，所以人们把它称为灯泡型贯流式机组，这种机组在涨落潮时均可发电。需要时，还可以从外边输入电力，把发电机变成电动机，涡轮机则起着水泵的抽水作用，以提高水位，增加发电能力。采用灯泡型贯流式机组是朗斯潮汐发电站的一项重大技术成就，它成功地解决了潮汐涨落的间歇期问题。

我国早在 20 世纪 50 年代就已开始利用潮汐能，在这一方面是世界上起步较早的国家。1956 年建成的福建省浚边潮汐水轮泵站就是以潮汐作为动力来扬水灌田的。目前我国尚在运行的潮汐电站还有近 10 座，其中浙江乐清湾的江厦潮汐发电站是我国、也是亚洲最大的潮汐发电站，仅次于法国朗斯潮汐发电站和加拿大安纳波里斯潮汐发电站，居世界第三位。利用潮汐发电并不神秘，也并非遥不可及。

第四章　世界水电发展

　　水能的开发利用一直受到世界各国的重视，各国将它放在优先开发的地位。到 2002 年底，全世界已经修建了 49700 多座大坝。

　　目前主要西方发达国家的水电开发程度已超过 80%，广大发展中国家的开发程度不到 20%，发展中国家在水能利用上还有很大的开发空间。有关专家认为，世界水电开发高峰期还未过去，今后建设大型水电站将更注重生态保护。

第一节　世界水电发展历程

1878 年法国建成世界第一座水电站。美洲第一座水电站建于美国威斯康星州阿普尔顿的福克斯河上，由 1 台水车带动 2 台直流发电机组成，装机容量 25 千瓦，于 1882 年 9 月 30 日发电。欧洲第一座商业性水电站是意大利的特沃利水电站，于 1885 年建成，装机 65 千瓦。19 世纪 90 年代起，水力发电在北美、欧洲许多国家受到重视，利用山区湍急河流、跌水、瀑布等优良地形位置修建了一批数十至数千千瓦的水电站。1895 年在美国与加拿大边境的尼亚加拉瀑布处建造了一座大型水轮机驱动的 3750 千瓦水电站。

进入 20 世纪以后，由于长距离输电技术的发展，使边远地区的水力资源逐步得到开发利用，并向城市及用电中心供电。

20 世纪 30 年代，水电站的数量和装机容量均有很大发展，建筑大型水坝成了经济发展和社会进步的同义词，仅以美国 20 世纪 30～40 年代建成的不少重要水坝和水电站纷纷以总统的名字命名的举动，就不难看出当时的国际社会对大型水坝的仰慕和对能够建成水电站的自豪心情。由于建坝被视为是现代化和人类控制、利用自然资源能力的象征，水坝建设风起云涌。到70年代达到顶峰时，全世界几乎每天都有2、3座新建的水坝交付使用。

20世纪50年代以来，世界水能资源开发的速度很快。据统计，世界各国水力发电装机容量1950年为7200万千瓦，1998年已达67400万千瓦，增长了8.36倍，在各种发电能源中居第2位，仅次于火力发电。世界各国水电总发电量1950年为3360亿千瓦，1998年已达26430亿千瓦，增长了6.87倍。以世界经济可开发发电量8.082万亿千瓦计算水能资源开发程度，1950年仅开发了4.15%，到1998年已达到32.7%。

80年代末，世界上一些工业发达国家，如瑞士和法国的水能资源已几近全部开发。20世纪世界装机容量最大的水电站是巴西和巴拉圭合建的伊泰普水电站，装机1260万千瓦。

至2002年底，全世界已经修建了49700多座大坝（高于15米），分布在140多个国家，其中中国的大坝有25000多座。世界上有24个国家依靠水电为其提供90%以上的能源，如巴西、挪威等国；有55个国家依靠水电为其提供50%以上的能源，包括加拿大、瑞士、瑞典等国；有62个国家依靠水电为其提供40%以上的能源，包括南美的大部分国家。全世界大坝的发电量占所有发电量总和的19%，水电总装机容量为728.49吉瓦。发达国家水电的平均开发度已在 60％以上，其中美国水电资源已开发约 82％，日本约 84％，加拿大约 65％，德国约 73％，法国、挪威、瑞士也均在 80％以上。

随着大坝建设在 20 世纪的高速发展，国内外不同领域的专家、学者对大坝建设提出了各种疑问，对水电作为清洁、可再生能源具有重要作用和大坝在满足人们许多重要需求方面具有十分有效的认识，也从不同角度进行了深化。这些问题在水利水电领域内和领域外引起了广泛的关注和讨论，也曾引起了世界银行、亚洲开发银行等国际组织和有关国家政府的重视。目前，围绕水电开发与可持续发展而展开的这场争论在国外已开始转向重新关注水电的开发。

亚洲国家中，除中国目前正大力发展水电外，印度、土耳其、尼泊尔、老挝、越南、巴基斯坦、马来西亚、泰国、缅甸、菲律宾、斯里兰卡、哈萨克斯坦、吉尔吉斯坦、约旦、黎巴嫩、叙利亚等国家也都有大型的水电项目正在建设。日本、朝鲜水电开发程度较高，大型的抽水蓄能项目建设速度比较快，在日本，有 6 个抽水蓄能电站正在建设，另 3 个正在规划中。

非洲国家的水电开发度、水资源调控能力都比较低，60 米以上高坝总共 11 座，目前有 20 多个非州国家在建水电工程。

欧洲在建装机 2270 兆瓦，分布在 23 个国家，另有规划中的水电装机 10 吉瓦，西班牙、意大利、希腊、罗马尼亚建坝相对较多，德国也有一座 90 多米的高坝在建。

北美有 5790 兆瓦的水电工程在建，分布在 10 个国家，规划中还有 15 吉瓦的水电站。北美国家中美国、加拿大都有新的大坝建设，美国有两座 60 米以上的大坝在建。加拿大魁北克未来 10 年水电计划增加 20% 的装机。

南美目前高坝建设比较多，在建、待建 200 米左右的大坝不少，主要集中在巴西、委内瑞拉、阿根廷等国家，有 17 吉瓦水电工程在建，分布在 10 个国家，规划待建项目还有 59 吉瓦水电站。

在大洋洲，灌溉建坝、小水电开发建坝及电站更新改造项目不少，但规模都不大，规划待建的水电项目有 647 兆瓦。

第二节　水电发达国家开发状况

下面介绍几个水电发达国家的开发状况。

美国水电开发

美国的水电开发已有 100 多年的历史。美国水电开发最集中的为哥伦比亚河，其干流上游在加拿大，中下游在美国境内。在美国境内的干流上已建成11座大型水电站，总装机容量为19850兆瓦；在各支流上已建成水电站242座，总装机容量为11070兆瓦。干流、支流合计装机容量30920兆瓦，占全国水电总容量的33％。美国已建成1000兆瓦以上的大型常规水电站11座，其中6座在哥伦比亚支流上。

美国政府于1933年组建田纳西流域管理局，对田纳西流域进行综合开发和管理。经过十几年的努力，在田纳西干支流上建起54座水库、30座水电站（装机609万千瓦）、9个梯级13座船闸，使其成为一个具有防洪、航运、发电等综合效益的水利网。

田纳西流域管理局作为田纳西河流域唯一的综合开发主体，按照"总体规划，分步实施，以上游大水库带动下游小水库，综合利用各种有利因素使效益最大化"的模式统筹进行流域梯级开发，其开发模式成为流域开发的成功典范。

在第一次世界大战期间，水电项目持续不断地为西部地区的农场和牧场提供水和电力，它也帮助解决了整个国家吃和穿的问题，并且电力方面的财政收入成为联邦政府的重要收入来源。30年代的经济大萧条，伴随着在西部地区普遍发生的水灾和旱灾，刺激了多用途复垦项目的建设，例如，哥伦比亚河上的大古力水坝、科罗拉多河下游的胡佛大坝以及加利福尼亚的中央河谷项目。那些大坝所生产出的低成本水电对城市和工业的发展产生了深远的影响。

随着第二次世界大战的来临，美国国内对水电的需求飞速增长，在战争爆发后，轴心国所拥有的电力资源是美国的 3 倍。1942 年，为了生产足够的铝以满足美国总统建造 60000 架新飞机的目标，仅此一项就需要用电 85 亿千瓦时。水电在迅速扩大全国的能源产量方面提供了最好的途径之一。在西部地区的大坝上所修建的水电站使得能源生产的扩展成为可能，水电站的建设加速了能源的可得性。

美国近期水电发展的趋势：

（1）对原有水电站进行扩建，增大装机容量，使原来担负电力系统基荷的改变为担负峰荷。如哥伦比亚河的大古力水电站由过去的装机容量 1974 兆瓦，在 1979 年扩建至 6494 兆瓦，1998 年又增容至 6809 兆瓦。

（2）在缺乏常规水能资源的地区发展抽水蓄能电站，配合电站的高压温火电机组在电力系统中担负填谷调峰任务。美国的抽水蓄能电站 1960 年为 87 兆瓦，至 1998 年已发展到 18890 兆瓦，其中装机容量 1000 兆瓦以上的抽水蓄能电站 8 座，最大的是巴斯康蒂抽水蓄能电站，装机容量达 2100 兆瓦。

（3）重新开发小水电，对过去为防洪、灌溉、航运而修建的堤坝和水库增装机组发电。

加拿大水电开发

加拿大国土面积997.6万平方千米，其水能资源在一次能源总消费的构成中占25％，是世界各国中比较高的。加拿大的水电开发，早期主要在人口较多和经济发达的南部地区，后来转向北部边远地区。1998年水电装机容量65726兆瓦，居世界第2位；水电年发电量3500亿千瓦时，居世界首位。其水能资源开发利用程度35.7％。

20世纪70年代起，在詹姆斯湾地区集中开发拉格郎德河。从1973年开始，陆续开工流水作业兴建3座大水电站，装机容量分别为5330兆瓦、2300兆瓦和2640兆瓦，至1985年即12年内完成全部10270兆瓦的装机。随后，加拿大魁北克水电局负责对其进行统一运营，取得了显著效益：

（1）经济效益显著。由于发电成本很便宜，拉格朗德河流域的梯级水电站不仅供应本国用电需要，还通过更远的输电线路向美国东北部售电，经济效益显著。

（2）调节性能良好。拉格朗德河干流加上临近河流的跨流域调水，共计总库容大于2100亿立方米，有效库容达990亿立方米，是总的年径流量 928 亿立方米的 1.07 倍，调节性能非常好。

（3）跨流域集中开发。规划中考虑从相邻河流进行跨流域调水，集中到一条河流上进行梯级开发，扩大其发电能力，经济效益进一步提升。

挪威水电开发

挪威国土面积 38.69 万平方千米，1998 年人口 433 万人。平均年降水量 1380 毫米，降雪较多；山地和高原面积占全国国土面积的 2/3，高原湖泊众多，地形高差大，水能资源较丰富。

挪威于 1885 年建成第 1 座小水电站，1950 年水电装机容量为 2900 兆瓦，1998 年增加到 27410 兆瓦。1998 年水电装机容量占电力总装机容量的 98.9%，水电发电量 1163 亿千瓦时，占总电量的 99.4%。水能资源开发利用程度达 58.2%。利用天然的高山湖泊和兴建的水库群蓄存的水能达 633 亿千瓦/年，约相当于年发电量的 60%，可以根据要求放水发电，供电性能良好。

挪威所建水电站大多地质条件较好，采用长隧洞和地下式厂房的较多，80% 装机容量的水电站厂房设在地下，很多隧洞不衬砌。地下工程可全年施工，不受寒暑和雨雪影响，还可避免滑坡问题，管理和维护费用也较低。此外，挪威所建水电站的水头较高，70% 水电容量的水头在 200 米以上，最高达 1100 米。

挪威的电力开发有 4 个特点：①是水电在电力工业中的比重长期维持在 99％左右，几乎全部靠水电；②是 1998 年总消费电量按人口平均每人达 27864 千瓦时，为美国的 2 倍多，为日本的 3.3 倍，电气化程度较高；③是水能在总能源消费量的比重相当大，1970 年为 37％，1998 年上升到 49％；④是挪威利用 35％的廉价水电发展铝、镁、铁合金和碳化硅等耗电工业，将其产品的 80％～90％出口，等于以水电出口赚取外汇。

挪威在北欧电力合作组织中起重要作用，与邻国瑞典和丹麦有多条输电线路相联网。当夏季邻国电能有余时以低价买进，把自己的水能尽量储存在高山湖泊和水库群中；到冬季邻国电力负荷高峰期时再以高价卖出。电力输出和输入相抵后，每年净输出几十亿千瓦时的电量，取得显著的经济效益。

瑞士水电开发

瑞士国土面积 41293 平方千米，境内多高山，地形高差很大。山区年降水量高达 2000～3000 毫米，谷地 600～700 毫米，平均 1470 毫米。河流平均年径流量 535 亿立方米。冬季积雪量大，在春末夏初的融雪季节，径流集中，流量较大。森林植被覆盖很好，河流泥沙含量很少。

瑞士于 1882 年建成第 1 座小型水电站，其电力工业一直以水电为主，过去水电比重长期在 90％ 以上，至 20 世纪 70 年代才开始有所下降。1998 年全国水电装机容量 11980 兆瓦，年发电量 345 亿千瓦时，分别占电力总容量和总发电量的 74.3％ 和 56.3％。

瑞士水能资源开发利用程度高达 84.1％，瑞士对其天赋的水能资源，不论河流的大小和落差的高低，都精打细算和千方百计地加以利用，并常常跨流域引水取得更大的水头。为了充分利用高山溪流分散的水能资源，常把许多小溪小沟的细流，通过沿山修建的长隧洞和管道集中到一个水库后引水发电。有的小溪流引水处比较低，还建水泵站抽水注入水库，而利用它发电时所得的水头比抽水扬程高出许多，仍属经济，这也是一种抽水蓄能的方式。

瑞士在高山峡谷区所建的高坝不少，坝高在 100 米以上的有 25 座，其中超过 200 米的有 4 座。最高的为大狄克逊坝，高 285 米，是世界上已建最高的重力坝；其总库容 4 亿立方米，是瑞士最大的水库，初期所建支墩坝高 87 米，1934 年建成香多林引水式水电站。水头 1672 米，装机容量 142 兆瓦。1961 年建成 285 米高坝后，将老坝淹没并加建飞虹纳和南达连续引水式水电站，水头分别为 878 米和 1013 米，装机容量分别为 321 兆瓦和 384 兆瓦。1998 年又另建通过长 15.9 千米的隧洞引水、水头 1883

米，安装 3 台各 400 兆瓦冲击式机组、装机容量 1200 兆瓦的克留逊水电站。前后由大狄克逊高坝水库引水的 4 座水电站，总装机容量达 2047 兆瓦。这是世界上已建水头 1000 米以上的最大水电站，所用 400 兆瓦冲击式机组，也是世界上最大的高水头机组。这种水电站主要担负峰荷，还可以在丰水期多蓄水少发电，待枯水期多发电，以补偿径流电站的不足。

瑞士在平原地区也建有不少低水头径流式电站，担负电力系统中的基荷。这些电站能提供全国水电发电量的 40％左右。

瑞士在西欧联合大电网中占据着重要的位置，与相邻的奥地利、意大利、法国、德国有 29 条输电线路联网。基本上是夜间低谷时输入廉价电能，白天高峰时输出高价电能，丰水期有多余电能时也输出，总计输出多于输入。

据瑞士联邦能源局统计数据，目前瑞士拥有规模大小不同的 1272 座水电站，其中 62％为水库调节电站，38％为径流式电站，总装机容量约为 1387 兆瓦，年均发电量约为 480 亿千瓦时，为该国本土用电总量提供了 60％左右的电能，现在水电已经成为瑞士最重要的能源。而且瑞士也成为世界上单位地表面积水电产量最高的国家。此外，瑞士不仅利用水力发电保证了本国电力的自给自足，丰水期还从事水电出口，每年地处阿尔卑斯山区各州靠利用水力所创造的经济价值就超过 215 亿瑞士法郎。

日本水电开发

日本国土面积 37.78 万平方千米，其中山地和丘陵约占 3/4。平均年降水量 1400 毫米，河流平均年径流量 5470 亿立方米。河流坡陡流急，水能资源比较丰富。

日本燃料资源贫乏，煤、油、气都要靠进口，水能资源是国产的主要能源。自 1892 年建成第 1 座小型水电站以来，长期执行"水主火从"的电力工业方针，过去水电比重曾达 80%～90%，直至 1960 年还超过 50%。后来利用进口廉价石油大量发展火电。20 世纪 70 年代以来又积极发展核电，水电比重逐步下降。1998 年水电装机容量为 45343 兆瓦（包括抽水蓄能），年发电量为 1026 亿千瓦时，分别占电力总装机容量和总发电量的 18.1% 和 9.6%。日本的水能资源开发利用程度已达 75.5%。

日本没有大河流，而中小河流很多，水电开发以 10 兆～200 兆瓦的中型水电站为主，10 兆瓦以下的小型水电站也不少，最大的常规水电站装机容量为 380 兆瓦。已建 200 兆瓦以上的大型水电站共 7 座，合计装机容量 2150 兆瓦，占常规水电总装机容量 21390 兆瓦的 10%。

日本初期所建的水电站大都为引水式径流电站，20 世纪 50 年代以来才修建具有水库调节性能的较大水电站，但大多在山区河流的深山峡谷中建坝，所得库容不大。如已建的 100 米以上的高坝 50 多座，其中最高的黑部第四拱坝，高 186 米，总库容仅 2 亿立方米；最大的水库为奥只见水库，重力坝高 157 米，总库容也只有 6.01 亿立方米。

日本从 20 世纪 70 年代起，对一些河流进行了重新开发，废弃原有小水电站，重建较大水电站，使水能资源得到更好的利用。例如手取川上原有小水电站 19 座，共计装机容量 132 兆瓦，重新开发后，新建 3 座较大水电站，总装机容量达 367 兆瓦，为原有容量的近 3 倍；再如新高濑川原有小水电站 27.4 兆瓦，改建成 1 座大型抽水蓄能电站后，装机容量 1280 兆瓦，为原有容量的 47 倍。

日本大量发展高参数火电机组和核电站，这些电站只适宜担负电力系统基荷，缺乏调峰容量，而可开发的常规水电站地址又不多，因此大量兴建抽水蓄能电站。1960 年抽水蓄能电站装机容量仅 72 兆瓦，至 1998 年已发展到 23953 兆瓦，居世界首位。这些抽水蓄能电站装机容量大多在 200 兆瓦以上，其中 1000 兆瓦以上的有 12 座，最大的为奥多多良木抽水蓄能电站。

巴西水电开发

巴西国土面积 854.74 万平方千米,平均年降水量 1954 毫米,河流平均年径流总量 69500 亿立方米,居世界各国之冠。巴西水能资源主要分布在 3 大水系;东南地区的巴拉那河水系,占 27.2%;东北的圣弗朗西斯科河水系,占 8.6%;北部的亚马孙地区,占 46.3%。其他小支流占 17.9%。

巴西 1950 年仅有水电装机容量 1540 兆瓦,居世界第 12 位;1998 年发展到 56481 兆瓦,跃居世界第 4 位,仅次于美国、加拿大、中国。从 1950~1998 年的 48 年中,水电装机容量平均年增长率达 7.8%,是水电发展很快的国家。1998 年水电年发电量 3012 亿千瓦时,相对其可开发水能资源的开发利用程度为 23.2%。

巴西的电力工业历来以水电为主,1998 年的水电比重按装机容量计为 92.1%,按年发电量计为 93.5%。巴西的电力在能源总消费量中的比重,1974 年为 20.4%,1984 年增加到 32.3%,使石油和天然气消费量的比重大幅度降低,减少对外来能源的依赖性。这是巴西长期坚持的能源和电力发展政策。

巴西的水电开发,早期是在经济比较发达的东南地区开发沿海的一些小河流，以中小型水电站为主；20 世纪 60 年代开始开发巴拉那河流域，先支流后干流，先上游后下游。巴拉那河干流已建大型水电站 4 座，总装机容量 19030 兆瓦；各支流已建水电站 27 座，总装机容量 27900 兆瓦；干支流合计已建 46930 兆瓦。圣弗朗西斯科河已建大型水电站 5 座，共计装机容量 11450 兆瓦。

亚马孙河是世界上最大的河流，流域大部分在巴西境内，干流河道很宽，比降较缓，没有考虑建水电站，而各支流的水能资源则很丰富，但位于人口稀少的边远丛林地区，开发很少，仅在小支流上建了一些中小型水电站。20 世纪 70 年代以后，巴西有意转向开发边远地区，在亚马孙地区东部的托坎廷斯河上兴建图库鲁伊水电站，并利用当地丰富的铁矿和铝矾土矿等资源，发展北部地区的经济。

巴西已建成 1000 兆瓦以上的大水电站 23 座，1975 年同时开工建设两座规模巨大的水电站：一座在南部，与巴拉圭合建世界最大的伊泰普水电站，装机容量 12600 兆瓦；另一座是图库鲁伊水电站，设计装机容量 8000 兆瓦，初期装机 4245 兆瓦。两座水电站都于 1984 年开始发电。

第三节　国际社会有关水坝的争议

水坝对环境的影响

　　水力发电有诸多优势，水能是一种取之不尽、用之不竭、可再生的清洁能源。但为了有效利用天然水能，需要人工修筑能集中水流落差和调节流量的水工建筑物，如大坝、引水管涵等。因此工程投资大、建设周期长。但水力发电效率高，发电成本低，机组启动快，调节容易。由于利用自然水流，受自然条件的影响较大。水力发电往往是综合利用水资源的一个重要组成部分，与航运、养殖、灌溉、防洪和旅游组成水资源综合利用体系。

　　水力发电也有一些不利方面，如需筑坝移民，基础建设投资大；水坝属战略设施，战时是打击目标；水坝倒塌会严重影响下游安全等。

　　而修建大中型水库过程中与建成之后，对环境也会产生一定的影响，主要包括以下几个方面：

　　自然方面。巨大的水库可能引起地表的活动，甚至诱发地震。此外，还会引起流域水文上的改变，如下游水位降低或来自上游的泥沙减少等。水库建成后，由于蒸发量大，气候凉爽且较稳定，降雨量减少。

生物方面。对陆生动物而言，水库建成后，可能会造成大量的野生动植物被淹没死亡，甚至全部灭绝。对水生动物而言，由于上游生态环境的改变，会使鱼类受到影响，导致灭绝或种群数量减少。同时，由于上游水域面积的扩大，使某些生物（如钉螺）的栖息地点增加，为一些地区性疾病（如血吸虫病）的蔓延创造了条件。

物理化学性质方面。流入和流出水库的水在颜色和气味等物理化学性质方面发生改变，而且水库中各层水的密度、温度、甚至溶解氧等有所不同。深层水的水温低，而且沉积库底的有机物不能充分氧化而处于厌氧分解，水体的二氧化碳含量明显增加。

社会经济方面。修建水库可以防洪、发电，也可以改善水的供应和管理，增加农田灌溉，但同时亦有不利之处。如受淹地区城市搬迁、农村移民安置会对社会结构、地区经济发展等产生影响。如果整体、全局计划不周，社会生产和人民生活安排不当，还会引起一系列的社会问题。另外，自然景观和文物古迹的淹没与破坏，更是文化和经济上的一大损失。应当事先制定保护规划和落实保护措施。

国际反坝运动

人类建造水坝的历史已有 3000 年，但是水坝的大量出现始于工业革命，而绝大多数大型水坝的建设是 20 世纪的事情。全球大坝建设时代始于美国的胡佛大坝。至 2003 年，全世界已经修建了 49697 座大坝。这些大坝 90％建于二次世界大战之后，70 年代达到高峰，此后大坝建设速度呈递减趋势。在不到一个世纪的时间里，人类的水坝建设成就惊人，现在世界上的主要江河都被拦上了水坝，全世界水库的总蓄水量相当于世界全部河流水量的 5 倍，水库淹没的面积相当于地球陆地面积的 0.3％，并提供全球 19％的电力。

20 世纪的大部分时间里，大坝一直是进步的象征。现代水坝是人类最大的单一建筑物，最能体现人类改造自然的成就。水坝提供电力，供给淡水，灌溉农田，拦蓄洪水，被视为社会发展和科学进步的符号。但是随着时间的推移，关于水坝的社会观点发生了变化，人们逐步认识到，水坝在为人类提供巨大经济效益的同时，也对社会和环境带来了严重的负面影响。

随着人们对有关水坝生态影响的科学研究日益深入，国际社会对这种盲目追求"水利利益"而越来越随心所欲建筑大型水坝的做法开始引起了怀疑，并在世界范围引发了一场旷日持久的争论。

塔吉克斯坦努来克大坝

在上世纪 80 年代之前，有关大坝建设的争议，主要是针对特定工程的，如围绕阿斯旺大坝的国际争论。1984 年英国两名生态学家出版了《大型水坝的社会与环境影响》，这是第一本收集了反大坝主要观点的书，宣称大坝引起的问题并不是具体工程或地区特有的，而是大坝技术本身所固有的，此书标志着全球范围内抵制水坝运动的开始。此后，一批学者、环境保护者和大坝受害者组织起来，形成了一些有影响力的反大坝组织，例如美国的国际河网、加拿大的国际调查组织、挪威的水与森林研究国际协会、日本的地球之友、英国的《生态学家》等等。其中最具影响力的反坝组织是国际河网，它为全世界的反大坝积极分子提供了交流平台。

国际反坝组织发起了一系列旨在反对水坝的运动，其中最著名的是 1994 年、由 44 个国家的 2000 个组织签署的《曼尼贝利宣言》，呼吁世界银行对贷款的水坝项目进行综合审核。1997 年在巴西的库里提巴召开了第一次世界反水坝大会，通过了《库里提巴宣言》，并将每年的 3 月 14 日定为世界反水坝日。这次大会标志着抵制大坝的运动进入一个新阶段，国际反坝运动开始在国际舞台上扮演重要角色。

持续的反坝运动促使世界银行和世界保护联盟 1998 年建立了世界水坝委员会。经过近 3 年努力，世界水坝委员会于 2000 年末发表了《水坝与发展——新的决策框架》，这是世界上有关针对水坝在达到促进发展目的方面的成败经验的第一份世界性、综合性的独立评估报告。该报告指出：水坝对人类发展贡献重大，效益显著；然而，很多情况下，为确保从水坝获取这些利益而付出了不可接受的、通常是不必要的代价，特别是社会和环境方面的代价。该报告反映了国际反坝运动的最新动向，它的发表在国际上引发了新一轮围绕大坝功过是非的争论。

一项研究还特别指出：人们以往认为，水力发电比火力发电具有一个很大优势就是减少温室气体的排放，其实并不完全如此。专家们对巴西的一个水力发电型项目进行了具体的案例分析，认为由于植物的腐烂和集水区流入水库的总"碳"量大于同等规模的火力发电项目。当然，由于水库的情况不同，其散发的温室气体数量也不尽相同。但从总体上说，大型水坝给有关生态系统，特别是物种所造成的影响往往是负面多于正面，有些影响是重大的、甚至是不可挽回的。

随着反水坝的声音在全球此起彼伏，一场拆除大坝的运动已经悄然展开。最早兴建大坝的美国，从上世纪末最早开始拆除水坝，目前拆除逾 1000 多座。瑞士、加拿大、法国、日本等国家也相继开始了拆除水坝的行动。从目前的情况来看，发达国家拆除水坝的运动虽然有恢复河流生态的考虑，但是更多是由于经济的原因，拆除的绝大多数是小型水坝，寿命超过使用年限、功能已经丧失或本身就是病险坝，且维护费用高昂，拆除是最经济的选择。

国际社会出现的反坝运动，与发达国家所处的发展阶段和国情条件有关。但是同时也应当看到，反坝运动是上世纪 80 年代以来，在全球可持续发展的思潮中诞生的一种新生事物，有其进步的一面，其认识和要求包含了很多合理性的因素，值得认真甄别和借鉴。反坝运动向世人传递了许多重要的信息，这些信息过去长期为人们不知或忽视，至少包括以下重要方面：

第一，水坝常未能达到预期的经济效益。在世界水坝委员会考察的项目中，发电低于预期值的水电站占50％以上，70％项目未能达到供水目标，有一半项目提供的灌溉水不足；在防洪方面，大坝虽然增强了抵御一般洪水的能力，却由于给人以错误的安全感，反而加大洪灾损失，或降低下游防御较大洪水的能力；此外，水坝平均成本超支56％，50％的水坝建设期拖延1年或更长时间。更为重要的是，通常大坝运行50～100年后，就会因淤满和老化面临退役，世界范围内每年1％的水库淤满报废，而拆坝需要高额的投入，这部分成本在建坝的时候总是不被考虑的。

第二，大坝伴随的社会成本被大大低估。全球约有4000～8000万人口因建造水坝而异地变迁，其中很大一部分人口依然贫困或陷入贫困。其他受工程影响失去生计、或生存条件恶化的人口，同样规模巨大，且很少能够获得补偿。可以说，水坝把效益给了富人，而穷人承担成本，面临着社会分配不公平的诘难，也是导致社会不安定的因素之一。

第三，大坝的环境影响比人们业已认识到的还要大。人们较早认识到，大坝导致河流生态系统破坏，带来诸如水质恶化、渔业资源退化、生物多样性减少、河口地区生态退化等影响。新近的研究证明，水坝（特别是热带地区的大型水坝）由于大量淹没植被而排放温室气体，某些情况下水库排出的温室气体，甚至等于或超过同等装机容量燃煤发电厂的排放量。此外，大坝造成的环境影响具有长期性、累积性和不可逆性，很多影响至今还不能为人们认识，可以说是风险很高的"环境试验"。

第四，人们通常高估补救大坝负面影响的能力。水坝的设计思想是趋利避害，传统上认为，大坝带来的很多负面影响，可以通过补救措施得以减轻或消除。但是已有的水坝运营实践表明，由于水坝环境影响的预测和防范困难大，补救措施只是局部的，而且收效非常有限。例如，世界水坝委员会研究发现，在考察的87个已建工程中，只有23.2％的水坝制订了减轻环境影响的规划，在47项采取措施减轻环境影响的工程中，只有19.7％的措施是成功的，40.9％的措施是失败的。

第五，现行水坝决策过程的"安全阀"——《环境影响评价制度》，被实践证明经常是"失灵"的。理论上，通过对大坝可能造成的环境影响进行完整评估，可以作为该工程是否可行的决策依据。不幸的是，实践中政府和大坝建设者，很多情况下将该制度作为对已经决定要建的工程的"橡皮图章"来使用。此外，水坝为腐败提供温床，政府官员、筑坝公司和开发银行对水坝项目的偏爱，排斥了更经济有效的其他项目，特别是小型和分散的能源和水利项目。

在国际上部分国家出现拆坝趋势的同时，水坝建设的时代在世界范围内远未终结。目前发达国家水电平均开发在60%以上，其中美国水能资源已开发约82%，日本约84%，加拿大约65%，德国约73%，法国、挪威、瑞士均在80%以上，但是全球水能资源平均只开发了约1/3，在发达国家水能资源开发接近上限的背景下，世界水坝建设的重心已经转向水电开发率较低的亚洲、南美洲和非洲等地区的发展中国家。2002年世界各国在建高度60米以上的大坝349座，其中数量居前三位的是中国（88座）、土耳其（60座）和伊朗（45座）。即使是宣称"大坝建设时代已经结束"的美国，仍有2座超过60米的大坝在建。总体来看，世界范围内的水坝建设还将持续几十年时间，趋势是从开发率接近饱和的国家转向开发潜力大的国家，从发达国家转向发展中国家，并且随着人们对大坝的生态环境问题的关注，大坝建设面临着越来越大的社会阻力。

水库与地震

人类大规模的工程建设活动会引发地震。水库诱发地震是人工湖在蓄水初期出现的、与当地天然地震活动特征明显不同的地震现象，亦简称为水库地震。水库诱发地震具有多种成因，其发震机理和诱震因素十分复杂，目前还没有完全为人们所认识。

世界上一部分大型和特大型水库蓄水后都伴有地震活动。观测研究表明，相当一部分水库蓄水后的地震活动水平和活动特征都与蓄水前具有明显的差异，特别是高坝大库蓄水后地震活动明显增多的例子较多。水库诱发地震在时间和空间分布、震源机制、序列特征等诸多方面与天然构造地震相比较，有其自己独有的特征。据资料统计，目前世界上已有 100 余个水库诱发地震例子，我国有 20 余例。尤其是坝高 100 米以上，库容亦达 10 亿立方米以上的水库发生诱发地震的概率较高。在我国已发生诱发地震的高坝水库约占总数的 1/4，且不少诱发地震均发生在天然地震的少震区和弱震区。

通常，水库诱发地震的震中都紧邻重要水工设施，特别是水库诱发中强的地震多发生在库坝附近的深水库区及其周边地区。水库诱发地震的震源浅，震中烈度高，破坏性大。水库诱发中强以上的地震不仅会可能造成水工设施的毁坏，而且还可能引起严重的次生灾害而危及下游安全。20 世纪 40 年代以来，世界上已有 34 个国家的 134 座水库被报道出现了水库诱发地震，其中得到较普遍承认的超过 90 座。有 4 例发生了 6 级以上地震，他们是中国的新丰江（1962 年，6.1 级）、赞比亚—津巴布韦的卡里巴（Kariba，1963 年，6.1 级）、希腊的克里马斯塔（Kremasta，1966 年，6.3 级）和印度的柯依那（Koyna，1967 年，6.5 级）。

柯依那水库发生的 6.5 级地震是目前世界上最大的诱发地震

水 力

震例。该地震使柯依那市大多数砖石房屋倒塌，死伤约 2500 人。坝高 128 米的卡里巴水库是世界上库容最大的水库，库区历史上无地震活动记载。蓄水诱发的 6.1 级主震发生在开始蓄水 4 年后。坝高 165 米的克里马斯塔水库虽然位于地震活动活跃区内，但蓄水前的 100 多年中从未在库区内观测到大于 6 级以上的构造地震。克里马斯塔是蓄水后唯一发生了 4 次 6 级以上水库诱发地震的例子，且蓄水后仅 6 个月即发生了第一次 6.2 级地震。在我国水库建设历史上影响最大的 1962 年 3 月 19 日新丰江大坝附近发生的面波震级为 6.1 级的地震，其震中离大坝仅 1.1 千米。这次地震使刚按Ⅷ度加固的大坝出现了长达 82 米的水平贯穿性裂缝，发电机组和开关站均受损坏而停止运转。此后，一个月之内便发生了 3.0 级以上地震 58 次，频度很高。

水库诱发地震的发生是有条件的，并不是所有的水库蓄水都会诱发地震。研究表明，水库诱发地震有两种重要的类型：快速响应型和滞后响应型。快速响应型水库诱发地震与水库水位变化密切相关，水库蓄水后，很快发生地震。快速响应型地震的成因之一是岩溶塌陷或气爆，多发生于溶洞发育的石灰岩库段。水库荷载引发的地震也属快速响应地震的范畴。另一类型地震则要在开始蓄水相当长一段时间后才发生。其滞后时间长短各不相同，一般为数月到数年不等。滞后响应型水库地震释放构造能，它的发生与库水沿断层渗透、断层面摩擦系数降低和岩石抗剪强度降低有关。因此，这一类型地震的强度与水库水位的变化的关系不明显。构造型诱发地震的强度主要取决于发生地震的构造贮能，与蓄水时间的长短无关。破坏性大的水库诱发地震多为滞后型地震。

从目前的研究成果看，水库诱发地震的基本的特征主要表现为以下几个方面：

（1）时间特征。诱发地震的产生和活动性与水库蓄水密切相关。70％左右的水库诱发地震初次发震时间发生在蓄水后一年内。主震发生的时间距初震为一至数月的比例较高。一般的规律是水位上升伴随地震活动性增加，水位下降则地震活动性减弱。也有个别水位与地震活动性负相关的例子，蓄水后水位下降反而出现了诱发地震。按水库蓄水和地震活动性的时间差，还可以将其分为快速响应型和滞后响应型。

（2）空间特征。水库地震的震中大多分布在水库及其附近，特别是大坝附近的深水库区容易诱发较大的地震。水库诱发的地震一般距水域线不超过十几千米，且相对集中在一定的范围之内。水库诱发地震的震源深度一般很浅，多数在数百至数千米范围内，很少有超过 10 千米例子。

（3）强度特征。多数水库诱发地震的最高震级不超过三级。

据资料统计世界上诱发了 5 级以上中强震的水库约有 20 余例，而诱发 6 级以上强震的水库只有 4 例。水库地震的震中烈度较高，一般为 V 度，诱发 3 级以上地震震中烈度达 VI 度的例子也不少。

（4）活动特征：水库诱发地震主要有前震－主震－余震型和震群型两大类，且以具有快速响应特征的震群型居多。代表水库地震的震级－频度关系的 B 值较同样震级的天然构造地震的 B 值偏高。构造型水库诱发地震的活动持续时间长，余震频繁，衰减慢且强度亦高。

（5）波谱特征。水库地震的高频能量丰富，多数伴有可闻声波。国外有观测到优势频谱为 70～80 赫兹甚至更高的报道。

地球上人类的活动，将不可避免地对地壳的地质结构造成一定程度的影响。但是，与地壳地质结构的广大尺度和高应力积累相比较，人工结构如大坝、水库等所产生的影响毕竟有限。研究表明：水库蓄水有时可能会诱发一定程度的库区地震，但是一般此类地震的震级都不大。而且，水库诱发地震的地震序列和天然地震相比有着较为明显的区别。

也有人认为，在很多情况下水库诱发的地震，有助于该地区地震能量的提前释放，对于减小地震灾害的破坏性还有一定的积极作用。

第四节 水电发展的前景

整个 20 世纪，人类已经消耗了 1420 亿吨石油、2650 亿吨煤。目前，全球已探明的石油剩余可采储量仅为 1400 多亿吨，按目前产量，静态保障年限仅 40 年；天然气的剩余可采储量为 150 亿立方米，静态保障年限仅为 60 年。世界煤炭的储量虽然多一些，但是如果按目前的消费速度，在 100 多年以后也将枯竭。

所以，要实现人类社会的可持续发展，必须要将世界的能源结构尽快地转变到以可再生能源为主。可再生能源与矿产资源有着本质的不同，它是时间的变量，利用的时间越长资源量越多；反之它也不能保存，不管你是否利用它，它都将随时间消逝。所以优先开发使用可再生能源就是最大的节能和开发资源。尽管风能、太阳能发电技术具有更广阔的发展前景，但是按照现有的技术水平，风力和太阳能等其他可再生能源发电技术还不能满足大规模的社会需求。

当前，全世界上大约 20% 的电力是来自水电，而其他可再生能源的发电的比重还很小。水电是目前唯一一种技术上比较成熟的、可以进行大规模开发的可再生能源。

首先应该认识到，水电的可再生能源作用不能替代。

可再生能源主要有风能、太阳能、水能和生物质能，此外还有一些像潮汐、地热等，但所占比重较少。生物质能有广阔的应用前景，国外虽然已有比较先进的生物质能应用技术，但由于生物质能的原料也必须通过种植产生，使其可再生性受到很大限制。

太阳能和风能资源非常丰富，且具有广阔的应用前景，但是恐怕只有解决了大规模储能技术之后，才能和水能一样大规模地应用。目前的太阳能、风能与水能相比，最主要的区别在于它们是随机的、分散的，且效率不高。太阳能是永恒的，但也随时间、气象而变化，黑夜、阴雨不能发电；风能则更是，天有不测风云不能人为控制。在发电效率方面，欧美现今有一些风车规模迅速增大，有的风力发电机比旧机组效率高出 10 倍，但是其电量还是不能与一个中型水力发电站相比。

一些发达国家设想组成风力发电电网，但问题很多，其作用还远不能与火电、水电、核电相比。根据以色列一家国际知名的太阳能研究机构的实验研究表明，目前较为成熟的太阳能大规模发电应用，仅仅停留在依靠太阳能对火电厂的循环水进行预加热，减少烧燃料的消耗。由于风能、太阳能的这种缺陷，一般来说太阳能、风能目前还主要是在农业用电上起到辅助的作用，或者通过蓄电池构成小型独立电源为边远地区提供生活用电。联合国一直在帮助第三世界国家推广风力发电技术，但目前大都停留在解决边远分散地区的生活供电，仍难以形成强大的电网。

　　与太阳能、风能不同，水能虽然同样是可再生性的清洁能源，但其性质有较大的区别。水力发电的水量主要靠河流和降雨，虽然具有随机性，但是通过建造水库，水量是可以积聚、储存的，因此水电可以在一定的时间阶段内被人为控制。水力发电的这一优点使其除了提供可再生的清洁能源外，还具有水电机组的启动、停机迅速，可用来调整负荷，在电网中进行调峰、调频和作为事故备用。现代电网的规模正在日益扩大，不仅有全国联网，有的地区甚至具有了统一的跨国电网，虽然自动化、信息化、控制技术日益提高，但因电网运行复杂，情况多变，及时调节和保障安全困难很多，如果电网中缺少必要的调节备用电源，难免事故频发。现代电网供电的效益、安全不能缺少强大的可快速调节的发电装机容量。目前对电网负荷方便、快速的调节，大都依赖于大容量水电站或者专门建设抽水蓄能电站。因此，世界各国近年来对抽水蓄能电站的建设非常重视，在一些发达国家，抽水蓄能电站的作用已经超过常规水电。目前，抽水蓄能电站的研究已成为水电建设中专门的重大学科。在目前情况下，随着风能、太阳能发电应用的规模扩大，需要建设更多的水电站补充电

水力

网的调节性，对于那些水电资源缺乏的国家和地区，也必须建设足够的蓄能电站。

在环境方面，随着全球工业化进程的加快，能源的生产与消费规模急剧增加，环境排放污染严重。目前，由于煤炭燃烧造成酸雨的二氧化硫、粉尘等有害气体，已经可以通过技术得到控制。但是，由于化石燃料和石油衍生能源在燃烧后，产生的大量的二氧化碳、甲烷、氧化亚氮等温室气体，尚无有效的解决方法。这些气体吸收太阳辐射并阻止这些辐射由大气层向地外空间发散，能量的长期积聚造成了全球气候不断升温。研究表明，当等效二氧化碳浓度达到一定数值时，气候变化将导致全球水循环的加剧，对区域性水资源产生重大影响，对局部农、林业生产也将造成严重后果，引发频繁的自然灾害，直接威胁人类的生存环境。1992 年 6 月在巴西召开的联合国环境与发展大会上，包括中国在内的 166 个国家签署了《气候变化框架公约》。在 1997 年 12 月 1 日召开的京都缔约方大会上，形成了具有法律约束力的《京都议定书》。它规定发达国家均要限制 6 种温室气体的排放量，在 2008～2012 年间要在 1990 年排放水平上至少减少 5％。在这种形势下，利用清洁的水力发电不能不作为一种减少温室气体排放的明智选择。世界上大约有经济可开发的水资源 8.8 万亿千瓦时/年，如能够充分开发利用可替代燃烧原煤 40 多亿吨/年，相当于每年可减少二氧化碳的排放量将近 100 亿吨。

此外，水电开发具有重要的扶贫作用。据联合国估算，目前全世界还约有 20 亿人口没有充足的电力供应。在许多发展中国家里，电力供应的短缺，不仅制约着社会经济的发展也严重地影响着人民生活的质量。2002 年在南非约翰内斯堡召开的第一届可持续发展世界首脑会议达成共识：一个多数人贫穷、少数人繁荣的全球社会是不可持续的；要实现可持续发展，需要各国遵循"共同但有区别的责任的原则"。首脑们一致通过了支持在发展中国家开发水电的行动计划，承诺加大政府间推动包括水电在内的可再生能源领域的国际合作活动。2004 年 10 月，联合国水电与可持续发展国际研讨会在北京召开，会议围绕水电与可持续发展、环境友好的水电开发技术、已建水电站的管理、水电开发的决策、水电开发对经济和社会发展的作用和影响等水利、水电工程界十分关注的议题进行研讨，强调水电是重要的可再生能源，一致通过了《水电与可持续发展北京宣言》。在水能资源丰富的地区，进行水电开发是摆脱贫困的明智选择。

第五节　世界著名水电站选介

伊泰普水电站

　　伊泰普水电站是当今世界装机容量第二大、发电量最大的水电站，位于巴拉那河流经巴西与巴拉圭两国边境的河段。巴拉那河发源于巴西东南部，流经 3000 千米在阿根廷汇入拉普拉塔河注入大西洋。坝内蓄满水后，形成了面积达 1350 平方千米、深度为 250 米、总蓄水量为 290 亿立方米的伊泰普人工湖。湖的大半部分在巴西，小半部分在巴拉圭境内。

　　这里河水流量大，水流湍急。1973 年两国政府签订协议，共同开发河长 200 千米一段水力资源，历时 16 年，耗资 170 多亿美元，1991 年 5 月建成举世界瞩目的伊泰普水电站，坝址控制流域面积 82 万千米，大坝全长 7744 米，宽 196 米，拦腰截断巴拉那河，形成面积 1350 平方千米、库容 290 亿立方米的人工湖。多年平均流量 8500 立方米/秒。坝址处正常水位时河宽约 400 米，枯水河槽宽 250 米，基岩主要为坚硬完整玄武岩。电站总库容 290 亿立方米，有效库容 190 亿立方米。

伊泰普水电站

　　根据巴西和巴拉圭两国政府在 1997 年初的决定，在原电站厂房的预留机坑扩建 2 台机组，到 2001 年伊泰普电站由 18 台变为 20 台 70 万千瓦水轮发电机组，全电站总装机容量从 1260 万千瓦增加到 1400 万千瓦，可靠出力 936 万千瓦，多年平均发电量 900 亿千瓦时，为目前世界单机容量最大机组，年发电量可达 900 亿千瓦时。

　　电站枢纽左岸属巴西，右岸属巴拉圭。电站大坝为混凝土空心重力坝，全长 7700 米，逶迤连绵，气势雄伟。主坝高 196 米，相当于 60 层楼房。大坝外侧整齐地排列着 18 根注水高压铜管，每根铜管的半径为 10.5 米，若用它铺成地下隧道，可容 4 辆大

伊泰普水电站

轿车并行。18 台发电机组就安装在大坝的"腹中",每台发电机的装机容量为 70 万千瓦,在长江三峡水电站建成之前,拥有世界上最大的水力发电机组,其单机发电量可满足一座 200 万人口的城市用电。电站总装机容量达 1260 万千瓦,是美国大古力水电站的 1.2 倍、原苏联克拉斯诺亚尔斯克水电站的 2.1 倍和埃及阿斯旺水电站的 5.9 倍。

"伊泰普"在印第安语中意为"会唱歌的石头"。工程的兴建带动了巴西、巴拉圭建筑业、建筑材料和其他服务行业的发展。电站的建成是拉丁美洲国家间相互合作的重要成果。其发电量可满足巴拉圭的全部用电和巴西用电量的 35%,兼有防洪、航运、渔业、旅游及改善生态环境等综合效益。

但大坝的修建也带来其他的后果，比如塞特凯达斯瀑布的枯竭。塞特凯达斯大瀑布是巴拉那河上一条世界著名的大瀑布，是世界水量最大瀑布群之一，实际由 18 个瀑布组成，水力极为丰富。瀑布总宽 90 米，总落差 114 米，跌落声远至 40 千米。景色优美，为浏览胜地。长期以来，塞特凯达斯瀑布一直是巴西和阿根廷人民的骄傲。世界各地的观光者纷至沓来，在这从天而降的巨大水帘面前，置身于细细的水雾中，感受着这世外桃源的清新空气。游客们常常为此陶醉不已，流连忘返。

塞特凯达斯大瀑布

位于瀑布上游的伊泰普水电站修建后，高高的拦河大坝截住了大量的河水，使得塞特凯达斯大瀑布的水源大减。而且周围的许多工厂用水毫无节制，浪费了大量的水资源，再加上沿河两岸的森林被乱砍滥伐，水土大量流失，大瀑布水量逐年减少。几年过去，塞特凯达斯大瀑布已经逐渐枯竭，即使是在汛期，也见不到昔日的雄奇与气势。它在群山之中无奈地垂下了头，像生命垂危的老人一般，形容枯槁，奄奄一息，等待着最后的消亡。许多慕名而来的游人，见此情景，无不惆怅满怀，失望而去。

1986 年 8 月下旬，来自世界各地的几十名生态学、环境学的专家、教授，以及大批热爱大自然的人汇集在大瀑布脚下。他们模仿当地印第安人为他们的酋长举行葬礼的仪式，一起哀悼将要消失的大瀑布。

1986 年 9 月下旬，巴西当时的总统菲格雷特也亲自投身到这一行动中。那天，他特意穿上了参加葬礼才穿的黑色礼服，主持了这个为瀑布举行的特别的葬礼。

胡佛水电站

胡佛水坝是一座重力混凝土拱坝，横跨科罗拉多河，位于美国西南部城市拉斯维加斯东南 48 千米亚利桑那州与内华达州交界处，为美国最大的水坝，并被赞誉为"沙漠之钻"。

该坝于 1931 年由第三十一任总统赫伯特·胡佛为化解美国大萧条以来的困境及加速西南部地区的繁荣而动工兴建。首席工程师是法兰克·高尔，水坝经费由政府资助，因此他必须在政府限定时间之内完工，否则将会面临一大笔罚款。在他们建造水坝前，必须先开辟一条通往峡谷的道路，以运送物资。由于当时正处于经济大萧条时期，失业人数大增，因此为水坝的建造提供了一群数量可观的廉价劳工。

美国胡佛大坝

　　在建造水坝之前，必须先把科罗拉多河分流，但河流两旁满布悬崖，因此唯一方法是在峡谷两边钻挖爆破，开辟 4 条分流隧道。然而开辟分流隧道的工人生活和工作环境每况愈下，令许多工人对高尔越来越不满，甚至策划罢工。8 月 7 日，工人正式罢工，当时仍有大量有资格取代他们的失业人士，因此工人是冒一个很大的风险，甚至有可能失去工作。高尔开除镇压罢工的工人，然后重新招聘。1932 年，河内首次流入隧道，分流工程成功，能够正式建造水坝。余下的工程只是利用混凝土去建设水坝，政府给予的限期为 4 年半，时间虽多，但高尔欲提早完工，以获得大笔奖金。1933 年，总共倾注了 764550 立方米的混凝土，1935 年，水坝提早了 2 年完工，而高尔亦获得一笔奖金。胡佛水坝令 112 名工人失去性命。

1935 年 9 月 30 日由富兰克林·德拉诺·罗斯福总统主持了竣工仪式，罗斯福无比兴奋地说道："我来了！我看了！我服了！"水电工程自 1936 年竣工发电，建成之时为当时世界上最大的混凝土结构和发电设施。该坝高 220 米，底宽 200 米，顶宽 14 米，堤长 377 米。坝建成后形成人工湖米德湖，该湖为西半球最大人工湖，湖区有 6 个码头，景致优美，已成为美国人游艇、滑水、钓鱼、露营度假圣地。

胡佛水坝位于州界上，且亚利桑那及内华达两州有一小时之时差，故水坝两端各设有一钟以方便过客对时。

该坝于 1955 年被评为"美国现代土木工程七大奇迹"之一。

该工程建成后，在防洪、灌溉、城市及工业供水、水力发电等方面发挥了巨大的作用，为开发和建设美国西部各州作出了贡献。

阿斯旺水坝

尼罗河上所筑的阿斯旺高坝，为世界七大水坝之一。它横截尼罗河水，高峡出平湖。高坝长 3830 米，高 111 米。1960 年在原苏联援助下动工兴建，1971 年建成，历时 10 年多，耗资约 10 亿美元，使用建筑材料 4300 万立方米，相当于大金字塔的 17 倍，是一项集灌溉、航运、发电的综合利用工程。

水坝建成后，其南面形成一个群山环抱的人工湖——纳塞尔湖，湖长 500 多千米，平均宽 10 千米，面积 5000 平方千米，是世界第二大人工湖，深度和蓄水量则居世界第一。

大坝发电站首批机组于 1967 年投入运行，到 1970 年，大坝内安装的 12 部水电发电机组全部投入运转。到 1972 年发电近 37 亿千瓦时，占全国发电总量的 50％。此后，发电量以平均每年 20％的速度递增。近年来，随着埃及电力工业的迅速发展，高坝发电站的发电量占全国发电总量的比例虽然在下降，但 1998 年其发电量仍达 107 亿千瓦时，为 1972 年的约 3 倍。

阿斯旺大坝

阿斯旺大坝一改尼罗河泛滥性灌溉为可调节的人工灌溉，从此埃及结束了依赖尼罗河自然泛滥进行耕种的历史。同时，水位落差产生的巨大电力也成为埃及迈向现代工业文明的重要动力。

阿斯旺大坝是埃及现代化的起点。30多年来，它为埃及的工农业建设立下了汗马功劳，经济效益极大：新增农田灌溉面积近200万公顷；另有70万公顷的单季作物土地变成了双季耕种农田，农田复种指数增加。

但事物总是有利有弊。从建设之初至今，埃及国内对阿斯旺大坝的争论从没停止过，最大的争论点就是阿斯旺大坝对生态环境的影响。

历史上，尼罗河水每年泛滥携带而下的泥沙无形中为沿岸土地提供了丰富的天然肥料，而阿斯旺大坝在拦截河水的同时，也截住了河水携带而来的淤泥，下游的耕地失去了这些天然肥料而变得贫瘠，加之沿尼罗河两岸的土壤因缺少河水的冲刷，盐碱化日益严重，可耕地面积逐年减少，因而抵消了因修建大坝而增加的农田。

与此同时，由于没有了淤泥的堆积，自大坝建成后，尼罗河三角洲正在以约 5 毫米/年的速度下沉。专家估计，如果以这个速度下沉，再过几十年，埃及将损失 15％的耕地，1000 万人口将不得不背井离乡。

阿斯旺水坝还拦截了鱼群的食料，尼罗河河口的沙丁鱼每年占埃及海洋捕捞量的 30％～40％，它主要靠营养物滋生的浮游生物为生，自从阿斯旺大坝兴建以后，沙丁鱼的捕获量就从过去的每年 1.8 万吨减少到 20 世纪 60 年代末的不足 1000 吨，后来更是下降到每年 500 吨。此外尼罗河口的捕虾量也减少了 2/3。建坝以后下游地区开始蔓延血吸虫病，变成了血吸虫病的高发区，同时带菌的疟疾蚊子从苏丹往北蔓延。

近年来，埃及政府正在积极采取措施，尽可能地把阿斯旺大坝的负面影响减小到最低。为此，埃及专门设立了"阿斯旺大坝副作用研究所"。此外，埃及还成立了一个由水资源部、环境事务部以及内政部组成的部长委员会。委员会计划在今后 5 年内投入 22 亿美元，对尼罗河的水质监管系统进行升级改造，保护尼罗河的主河道环境。

埃及政府着手修建 2 个大型引水和调水工程："和平渠工程"和"新河谷工程"。和平渠工程已于 1979 年动工，西起尼罗河三角洲的杜米亚特河，向东穿过苏伊士运河，将尼罗河水引到西奈半岛少有人烟的沙漠地带，在那里开辟新的家园。"新河谷工程"也已动工。根据规划，政府将用 20 年的时间，开挖 850 千米的水渠，将尼罗河水引入西南部沙漠腹地。

大古力水电站

20 世纪 80 年代中期以前世界上最大的水电站，位于美国西北部华盛顿州斯波坎市附近，是哥伦比亚河在美国境内最上游的一座梯级水电站。

哥伦比亚河是一条国际河流，发源于加拿大不列颠哥伦比亚省的哥伦比亚湖，向南流入美国华盛顿州，然后向西于俄勒冈州注入太平洋，全长 2000 千米，落差 808 米。该河的一个重要特点是含沙量低，筑坝蓄水后水库不易淤积。现已在干流上建了 14 个梯级，在支流上建了 39 个梯级，是世界上水资源利用最充分的河流之一，大古力坝是干流上的第 4 个梯级。

大古力水电站始建于 1934 年，到 1951 年完成装机容量 197.4 万千瓦，是当时世界上最大的水电站。1967 年开始扩建，1980 年完工，装机总容量达 649.4 万千瓦，仍是当时世界上最大的水电站，直至 1986 年后让位于古里水电站和伊泰普水电站，居世界第三位。大坝长 1272 米，从一端走到另一端要花 20 分钟左右的时间。它的基底宽 152 米，高 168 米。

建造大坝所用的大量混凝土，足以建造 4 座金字塔。

大古力水库兼有防洪和发电双重功能，其有效库容 64.5 亿立方米，其水量丰富，泥沙很少，水库无移民问题。电站大坝为混凝土重力坝，坝高 168 米，坝轴线为直线，长 1272 米。中间为溢流坝段，长 503 米，溢洪道 11 孔，每孔净宽 41 米，设计泄水能力 28300 立方米/秒。坝体本身设有通航设施，坝址以上集水面积 19.2 万平方千米，占哥伦比亚河全流域面积的 28.7%。坝址平均年径流量 963 亿立方米。

电站初期工程建有第一厂房和第二厂房，各装 9 台容量为 10.8 万千瓦水轮发电机组，第一厂房内还装有 3 台厂用机组，每台 1 万千瓦。扩建工程又新建了第三厂房，装有 3 台 60 万千瓦机组和 3 台 70 万千瓦机组，总容量为 390 万千瓦。初期安装的机组经重绕线圈后，提高出力至 12.5 万千瓦，18 台发电机合计出力达 225 万千瓦。电站平均年发电量共计 202 亿千瓦时，电能

大古力电站

用 230 千伏高压输电线向外输送。此外，大古力水电站计划再装
2 台 70 万千瓦常规水轮发电机组和 2 台 50 万千瓦的抽水蓄能机
组，共 240 万千瓦，总装机容量将达 888 万千瓦。超出力工况运
行时，容量可达 1023 万千瓦。

大古力水电站用 60 万和 70 万千瓦大型水轮机，转轮直径分
别为 9.78 米和 9.90 米，因尺寸过大，故采用分瓣制造现场焊接

的技术。发电机转子重达 1760 吨，安装时，专门设计制造了起重能力达 2000 吨的厂内起重架。

第五章　中国水电发展

　　古代神话中有这样一则故事：尧舜时，洪水泛滥，下民其忧。尧用鲧治水，鲧用雍堵之法，九年而无功。后舜用禹治水，禹开九州，通九道，陂九泽，度九山。疏通河道，因势利导，十三年终克水。

　　水患的治理成为中国人民几千年来始终关注的问题，如今人们仍然在关注水的治理问题，也在关注水能利用的问题。化水患为水利，变水流为电流，是人类长久以来的梦想。

　　新中国成立60年来，我国水电建设创造了前所未有的奇迹。建国初，全国水电装机容量仅为36万千瓦，而到了2008年底，中国水电装机容量已达到1.72亿千瓦，稳居世界第一。

　　进入21世纪，国家从经济快速发展、能源的可持续供应、环境保护，以及西部大开发等方面考虑，制定了优先开发水电的方针，水电建设迎来了前所未有的发展机遇。

第一节　我国水力资源分布

中国幅员辽阔，国土面积达 960 万平方千米，蕴藏着丰富的水力资源。根据最新水力资源复查结果，我国大陆水力资源理论蕴藏量在 1 万千瓦及以上的河流共 3886 条，水力资源理论蕴藏量年电量为 60829 亿千瓦时，平均功率为 69440 万千瓦，理论蕴藏量 1 万千瓦及以上，河流上单站装机容量 500 千瓦及以上，水电站技术可开发装机容量 54164 万千瓦，年发电量 24740 亿千瓦时，其中经济可开发水电站装机容量 40179.5 万千瓦，年发电量 17534 亿千瓦时，分别占技术可开发装机容量和年发电量的 74.2% 和 70.9%。

水能在我国能源资源中占有重要的地位和作用。我国常规能源资源以煤炭和水能为主，水能仅次于煤炭，居十分重要的地位。

常规能源资源包括煤炭、水能、石油和天然气，我国能源资源探明（技术可开发量）总储量 8450 亿吨标准煤（其中水能为可再生能源，按使用 100 年计算），探明剩余可采（经济可开发量）总储量为 1590 亿吨标准煤，分别约占世界总量的 2.6% 和

11.5%。我国能源探明总储量的构成为原煤 85.1%、水能 11.9%、原油 2.7%、天然气 0.3%，能源剩余可采总储量的构成为原煤 51.4%、水能 44.6%、原油 2.9%、天然气 1.1%。如果按照世界有些国家水力资源使用 200 年计算其资源储量，我国水能剩余可开采总量在常规能源构成中则超过 60%。

能源节约与资源综合利用是我国经济和社会发展的一项长远战略方针。"十一五"期间和今后更长远时期，国家把实施可持续发展战略放在更加突出的位置，可持续发展战略要求节约资源、保护环境，保持社会经济与资源、环境的协调发展。优先发展水电，能够有效减少对煤炭、石油、天然气等资源的消耗，不仅节约了宝贵的化石能源资源，还减少了环境污染。

由于我国幅员辽阔，地形与雨量差异较大，因而形成水力资源在地域分布上的不平衡，水力资源分布是西部多、东部少。按照技术可开发装机容量统计，我国西部云、贵、川、渝、陕、甘、宁、青、新、藏、桂、蒙等 12 个省份水力资源约占全国总量的 81.46%，特别是西南地区云、贵、川、渝、藏就占 66.70%；其次是中部的黑、吉、晋、豫、鄂、湘、皖、赣等 8 个省占 13.66%；而经济发达、用电负荷集中的东部辽、京、津、冀、鲁、苏、浙、沪、粤、闽、琼等 11 个省份仅占 4.88%。我国的经济东部相对发达、西部相对落后，因此西部水力资源开发除了西部电力市场自身需求以外，还要考虑东部市场，实行水电的"西电东送"。

我国水能资源分布不平衡，雅鲁藏布江大峡谷有着世界上最丰富的水能资源

我国水力资源富集于金沙江、雅砻江、大渡河、澜沧江、乌江、南盘江、红水河、黄河上游、湘西、闽浙赣、东北、黄河北干流以及怒江等13个水电基地，其总装机容量约占全国技术可开发量的50.9%。特别是地处西部的金沙江中下游干流总装机规模5858万千瓦，长江上游干流3320万千瓦，长江上游的支流雅砻江、大渡河以及黄河上游、澜沧江、怒江的装机规模均超过2000万千瓦，乌江、南盘江红水河的装机规模均超过1000万千

瓦。这些河流水力资源集中，有利于实现流域、梯级、滚动开发，有利于建成大型的水电基地，有利于充分发挥水力资源的规模效益，实施"西电东送"。

第二节　我国水电开发状况

据普查结果，我国大陆水电理论蕴藏装机容量为 6.94 亿千瓦，年发电量 6.083 万亿千瓦时；技术可开发容量为 5.42 亿千瓦，年发电量为 2.47 万亿千瓦时；经济可开发容量为 4.02 亿千瓦，年发电量为 1.75 万亿千瓦时。自 2002 年开始，我国水电装机已跃居世界第一，到 2008 年底，水电装机达 1.72 亿千瓦。2008 年水电发电量 5633 亿千瓦时，占当年全球水电发电量的 18.5%。

从水电投产规模及近年来的建设运行水平来看，我国已当之无愧成为世界头号水电强国。一是我国形成了完整的水电产业体系，培育了高素质的水电技术和管理队伍。形成了力量强大的水电设计机构、施工承包单位、装备制造商、开发运行商，具备功能完整、知识产权自主、品牌卓越的产业体系。二是我国水电开发运行技术水平处于世界领先地位。上世纪 70 年代初首座装机过百万千瓦的刘家峡水电站投产，80年代葛洲坝电站投产，90年代隔河岩、漫湾等"五朵金花"相继投产，我国水电技术水平不断攀升。

以三峡工程的成功建设和运行为突出标志，我国水电开发运行技术水平世界领先，水电成为我国为数不多的处于世界领先水平的行业。

建国以来，我国十分重视水电建设。虽然由于历史、资金及体制等因素，水电建设曾出现起伏，呈现波浪式前进的态势，但60多年来水电也获得了可观的发展，为国民经济发展和人民生活水平的提高做出了巨大贡献。

建国初期，水电建设主要集中于经济发展及用电增长较快的东部地区，大型水电站不多。20世纪50年代末，开始在黄河干流兴建刘家峡等大型水电站，但仍以东部地区的开发建设为主，西南地区丰富的水力资源尚未得到大规模开发，水电在电力工业中的比重逐步下降。

改革开放前，我国水电资源开发量还不到10%，人均用电量相当于世界平均水平的1/3，排全球第80位。十一届三中全会后，国家重新调整水电资源开发战略，不断加大水电基本建设力度，一项项国家重点工程相继开工，带来了水电开发的春天。

1979年，电力部提出《十大水电基地开发设想》，包括黄河上游、红水河（含南盘江）、金沙江、雅砻江、大渡河、乌江、长江上游（含清江）、澜沧江中游，以及湘西和闽浙赣水电基地的布局，总装机容量达 1.7 亿千瓦。

1987 年 12 月 4 日，龙羊峡水电站第 2 台 32 万千瓦水轮发电机组投入运行。至此，我国拥有的发电设备装机容量已达到 1 亿千瓦以上，其中水电近 3000 万千瓦。

1992 年 4 月，七届全国人大五次会议通过了关于兴建长江三峡工程的决议。同年 12 月 14 日，长江三峡工程正式开工兴建。1997 年 11 月 8 日大江截流，2003 年如期实现"蓄水、通航、首台机组发电"三大目标。

1999 年 12 月 4 日，四川二滩水电站最后一台机组正式投产，总容量 330 万千瓦，成为 20 世纪我国建成的最大水电站。

2000 年 3 月 14 日，广州抽水蓄能电站（二期工程）最后一台机组建成，电站总装机容量达到 240 万千瓦，成为世界上最大的抽水蓄能电站。

2000 年 11 月 8 日，全国瞩目的"西电东送"首批工程——贵州洪家渡水电站、引子渡等七项发输电工程全面开工。

根据 2003 年全国水力资源复查成果，全国水能资源技术可开发装机容量为 5.4 亿千瓦，年发电量 2.47 万亿千瓦时；经济可开发装机容量为 4 亿千瓦，年发电量 1.75 万亿千瓦时。水能资源主要分布在西部地区，约 70% 在西南地区。金沙江、雅砻江、大渡河、乌江、红水河、澜沧江、怒江和黄河等大江大河的干流水能资源丰富，总装机容量约占全国经济可开发量的 60%，具有集中开发和规模外送的良好条件。

2004 年 9 月 26 日，随着黄河上游公伯峡水电站 30 万千瓦 1 号机组投产发电，我国水电装机突破 1 亿千瓦，从而超过美国排名世界第一位。同时，我国成功地解决了水电工程的一系列世界级技术难题，在高坝工程技术、泄洪消能技术、地下工程技术、高边坡工程技术、现代施工技术、大型机组制造安装技术、水电站运行管理技术、远距离大容量超高压输电技术等方面取得了创新性的突破，建成和正在建设一批大型和世界特大型水电站，使我国水电发展的技术水平已达到世界先进水平，并在某些方面处于领先水平。

到 2005 年底，全国水电总装机容量达 1.17 亿千瓦（包括约 700 万千瓦抽水蓄能电站），占全国总发电装机容量的 23%，水电年发电量为 3952 亿千瓦时，占全国总发电量的 16%。其中小水电为 3800 万千瓦，年发电量约 1300 亿千瓦时，担负着全国近 1/2 国土面积、1/3 的县、1/4 人口供电任务。全国已建成 653 个农村水电初级电气化县，并正在建设 400 个适应小康水平的以小水电为主的电气化县。我国水电勘测、设计、施工、安装和设备制造均达到国际水平，已形成完备的产业体系。

2006 年投产量居然达到了 1000 万千瓦左右。电力行业整体发展也很迅猛，年新装机容量突破了 1 亿千瓦，水电的装机总容量现在已经达到了 1.29 亿千瓦。为什么会有这样大的差距呢？关键就是市场化机制。是中国的电力行业正在从计划经济转变到了市场经济，而市场经济这种体制、这种机制促进了水电的大发展。

截至 2007 年，我国水电总装机容量已达到 1.45 亿千瓦，水电能源开发利用率从改革开放前的不足 10％提高到 25％，水电事业的快速发展为国民经济和社会发展作出了重要的贡献。

到 2008 年年底，全国水电装机容量达到 1.72 亿千瓦，居世界第一，年发电量达到 5633 亿千瓦时，占全国电力装机容量的21.6％，年发电量的 16.4％。

"西电东送"工程

"西电东送"是我国的一项重大的能源发展战略，是西部大开发的标志性工程，为西部把资源优势转化为经济优势提供了新的历史机遇，对加快我国能源结构调整和东部地区经济发展，将发挥重要作用。

建国以来，特别是改革开放 20 年以来，西部地区的经济已经有了很大的发展，具备了一定的物质基础，在水电建设方面取得了较大的成绩，也积累了较为丰富的水电建设经验。所有这些都为"西电东送"创造了有利的条件。

"西电东送"是指开发贵州、云南、广西、四川、内蒙古、山西、陕西等西部省区的电力资源，将其输送到电力紧缺的广东、上海、江苏、浙江和京津唐地区。我国水能资源的分布极不均匀，90％的可开发装机容量集中在西南、中南和西北地区。特别是长江中上游的干支流和西南诸多河流，其可开发装机容量占到全国可开发装机容量的60％。此外，我国煤炭资源也集中在山西、贵州、陕西、内蒙古西部。我国经济发达的东部沿海地区，能源资源非常短缺，而北京、广东、上海等东部7省份的电力消费占到全国的40％以上。

根据规划，"西电东送"将形成三大通道。一是将贵州乌江、云南澜沧江和广西、云南、贵州三省份交界处的南盘江、北盘江、红水河的水电资源以及贵州、云南两省坑口火电厂的电能开发出来送往广东，形成"西电东送"南部通道；二是将三峡和金沙江干支流水电送往华东地区，形成中部"西电东送"通道；三是将黄河上游水电和山西、内蒙古坑口火电送往京津唐地区，形成北部"西电东送"通道。

贵州是"西电东送"的重点，不仅蕴藏着1640万千瓦的水

我国"西电东送"的主要路线

北通道是"三西"（山西、陕西、内蒙古西部）坑口电站和黄河上游水电向华北和山东送电。

北通道

中通道是以三峡水电为核心，向华中和华东送电。

中通道

南通道

南通道是西南水电、坑口电站和三峡水电向广东送电。

能资源，而且拥有"江南煤海"，煤炭远景储量达 2400 亿吨，超过江南 9 省（区）之和，具有得天独厚的"水火互济"能源优势。乌江干流梯级开发规划建设 10 个大中型水电站，其中 9 个在贵州境内，装机容量 770 万千瓦，目前仅建成乌江渡和东风水电站，装机容量共 114 万千瓦。在奔腾不息的乌江干流上开工建设的洪家渡、引子渡水电站和乌江渡水电站扩机三大工程，总装机 149 万千瓦、总投资 73 亿元，工程项目建成后，乌江的水电装机容量将翻一番。到"十一五"期末，加上同期建设的火电项目，贵州电力总装机容量将从 600 万千瓦增加到 1300 万千瓦，为实现"西电东送"目标打下了良好的基础。

内蒙古是我国最早实施"西电东送"工程的省区,自 1990 以来,每年向北京供电量由 6 亿千瓦时增加到 68 亿千瓦时,占北京用电总量的 1/5。内蒙古自治区向北京地区供电量在今后 5 年内将增长 50％多,达到 150 万千瓦,以满足北京地区用电需求的增长。内蒙古在合作办电、电网及电源建设等方面,为我国实施"西电东送"提供了宝贵的经验。

我国水电发展前景

从水电发展阶段来看,我国水电开发大大晚于西方国家,高峰期即将到来。发达国家中美国上世纪 60～70 年代处于大坝与水电建设的高峰期,现在水电建设速度有所减缓。挪威的水电发展始于 19 世纪末,规模开发是在第二次世界大战以后,60 年代为挪威水电开发高峰期,年增装机容量年平均增长超过 10％,进入 80 年代增长速度逐渐减慢,90 年代后期新增装机容量很少,趋于稳定。这些国家的国内水电资源基本开发完毕。我国的水能资源极其丰富,与国外发达国家的差距很大,开发潜力也很大。但是,我国水电开发真正起步是于 1949 年建国以后,与发达国家相比,起步较晚。目前正处于高速发展阶段。根据有关机构预测,到 2050 年我国水电资源将基本开发完毕。

中国经济已进入新的发展时期,在国民经济持续快速增长、

水 力

工业现代化进程加快的同时，资源和环境制约趋紧，能源供应出现紧张局面，生态环境压力持续增大。据此，加快西部水力资源开发、实现"西电东送"，对于解决国民经济发展中的能源短缺问题、改善生态环境、促进区域经济的协调和可持续发展，无疑具有非常重要的意义。

进入 21 世纪后，我国水电开发进入关键期。在这段时间内，如何充分吸取国外水电开发的成功经验，并根据我国的具体国情，探索出具有中国特色的水电开发体系，从而更好地发挥水电的自身优势，引导水电保持持续、协调和健康发展，为国家和社会经济发展服务，是一个必须要解决的问题。

中国水电建设之最

第一座水电站

云南石龙坝水电站。安装 2 台 240 千瓦水轮发电机组，1908年开工，1912 年建成。

第一座梯级水电站

古田溪一级水电站，位于福建省古田县境内古田溪上。电站引水隧洞长 1920 米，洞径 4.4 米，地下厂房长 59.6 米、宽 12.5 米，高 29.5 米。它也是新中国首座地下厂房水电站。安装有 2 台 6000 千瓦、4 台 1.25 万千瓦水轮发电机组，第一台 6000 千瓦机组于 1956 年 3 月投入运行。

古田溪一级水电站

最早的坝内式厂房水电站

上犹江水电站，位于江西省上犹县。大坝坝型为空腹重力坝，最大坝高 67.5 米。厂房设在大坝坝体内，长 75 米、宽 11.4 米、高 12 米。坝顶设 5 个溢洪孔口，采用自满鼻坎挑流消能。它也是中国首座空腹重力坝。安装 4 台 1.5 万千瓦机组，总容量 6 万千瓦。1955 年 3 月开工，1957 年 11 月投入运行，1961 年 5 月全部建成。

第一座自行设计建设安装的水电站

新安江水电站，位于浙江省建德县。1957 年 4 月主体工程开工兴建，1965 年竣工。大坝为宽缝重力坝，最大坝高 105 米，总库容 220 亿立方米；淹没耕地 32 平方千米，迁移 29 万多人。厂房为厂顶溢流式。电站共安装 9 台机组，总容量 66.25 万千瓦，年平均发电量 8.6 亿千瓦时。第一台 7.25 万千瓦机组于 1960 年 4 月投入运行。

新安江水电站

首座百万千瓦级水电站

刘家峡水电站，位于甘肃省永靖县境内的黄河干流。1958 年 9 月开工兴建，1961 年停工，1964 年复工，1974 年 12 月全部建成。坝型为重力坝，最大坝高 147 米，总库容 57 亿立方米。安装 5 台机组，总容量 122.5 万千瓦，年发电量 55.8 亿千瓦时。第一台机组 22.5 万千瓦机组于 1969 年 3 月投入运行。

第一个利用世界银行贷款兴建的大型水电站

鲁布革水电站，位于云南省罗平县、贵州省兴义县境内的黄泥河上。坝型为风化料心墙堆石坝，最大坝高 103.8 米，总库容1.1 亿立方米。安装 4 台 15 万千瓦机组，总容量 60 万千瓦，年发电量27.4 亿千瓦时。第一台机组于 1988 年 12 月投入运行，1991 年 6 月最后一台机组并网发电。鲁布革电站的建设多渠道利用外资，多层次聘请外国咨询专家，引进先进技术和管理经验，采用国际招标方式，开创了中国水申站建设中质量高、速度快、造价低的新局面

鲁布革水电站

20 世纪投产的最大水电站

四川二滩水电站，装机 330 万千瓦，单机容量 55 万千瓦，1999 年 12 月全部建成投产。

长江上第一座大型水电站

葛洲坝水电站，位于湖北省宜昌市。它也是世界上最大的低水头大流量、径流式水电站。1971 年 5 月开工兴建，1972 年 12 月停工，1974 年 10 月复工，1988 年 12 月全部峻工。坝型为闸坝，最大坝高 47 米，总库容 15.8 亿立方米。总装机容量 271.5 万千瓦。

黄河上第一座水电站

盐锅峡水电站，总装机容量 44 万千瓦，1958 年 9 月正式动工，1961 年 11 月第一台机组投产发电。

世界最大的抽水蓄能电站

广州抽水蓄能电站，位于广州市从化县吕田镇深山大谷中。它是大亚湾核电站的配套工程，为保证大亚湾电站的安全经济运行和满足广东电网填谷调峰的需要而兴建。电站枢纽由上、下水水库的拦河坝、引水系统和地下厂房等组成。总装机容量 240 万千瓦，装备 8 台 30 万千瓦具有水泵和发电双向调节能力的机组，在同类型电站中也是世界上规模最大的。除机电设备进口外，电站的设计、施工都是我国自行完成的，它标志着我国大型抽水蓄能电站的设计施工水平已跨入国际先进行列。

世界海拔最高的抽水蓄能电站

西藏羊卓雍湖抽水蓄能电站，总装机容量 11.25 万千瓦，海拔 3600～4500 米。

羊卓雍湖电站

世界最大的水电站

长江三峡水电站，位于湖北省宜昌市三斗坪。它是我国也是目前在建规模最大的水电站，建成后坝顶高程为 185 米，最高水位 175 米，共安装 26 台单机容量为 70 万千瓦水轮发电机组，总容量为 1820 万千瓦，年平均发电量 847 亿千瓦时，具有防洪、发电、航运等巨大经济效益。1994 年 12 月 14 日开工兴建，预计总工期 17 年，2003 年首批机组开始发电，2009 年工程全部竣工。1997 年 11 月 8 日成功实现大江截流，标志着三峡工程第一阶段的施工任务已经完成。

最大机组、最高大坝、最大库容的水电站

龙羊峡水电站，位于青海省共和县和贵南县境内的黄河上。共安装 4 台 32 万千瓦机组，总容量 128 万千瓦，年发电量 59.8 亿千瓦时。混凝土重力坝高 178 米，水库容积 247 亿立方米。第一台机组于 1987 年 9 月投入运行，1989 年 6 月全部建成发电。不仅单机容量是我国目前最大的，而且是大坝最高、水库容积最大的水电站。

最早自行设计、自行施工、自制设备的中型水电站

官厅水电站，位于河北省怀来县境内的永定河上。安装 3 台 1 万千瓦混流式水轮发电机组，总容量 3 万千瓦。第一台机组于 1955 年 12 月投入运行。

最早的大型混合式抽水蓄能电站

潘家口电站，位于河北省迁西县。电站上库为混凝土宽缝重力坝，下库为混凝土闸坝，最大坝高分别为 107.5 米和 28.5 米。安装 1 台 15 万千瓦常规机组，于 1981 年 4 月投入运行。从意大利引进 3 台额定容量 7 万千瓦混流式水泵/水轮机—电动/发电机抽水蓄能机组。总装机容量 36～42 万千瓦，年发电量 6 亿千瓦时。第一台机组于 1991 年 6 月投入运行。

最早的水头超千米的水电站

天湖水电站，位于广西桂林地区全州县。电站木头 1074 米，总装机容量 6 万千瓦，年发电量 1.85 亿千瓦时。1989 年 7 月开工兴建，一期工程安装 2 台 1.58 万千瓦机组，1992 年投入运行。

最早的连拱坝水电站

佛子岭水电站，位于安徽省霍山县境内界河上。连拱坝由 20 个垛、21 个拱组成，最大坝高 75.9 米，全长 510 米，坝身用混疑土注浇。第一台 1000 千瓦机组于 1954 年 11 月投入运行。安装有 2 台 1 万千瓦、3 台 3000 千瓦和 2 台 1000 千瓦机组，总容量 3.1 万千瓦。

最早的高水头梯级水电站

以礼河梯级水电站，位于云南省会泽县。电站分 4 级，设计水头 1313.5 米。二级水槽子电站于 1956 年 7 月首先开工兴建，1958 年开始发电，到 1972 年 12 月，三级盐水沟、一级毛家村、四级小江电站相继建成发电。三级盐水沟水电站最大水头 629 米，是当时中国水头最高的水电站。

最早的地下水径流水电站

六郎洞水电站，位于云南省丘比县。电站利用天然溶洞作水库，最大坝高 11.1 米，库容 8.2 万立方米、洞径 3.2 米的隧洞供水轮发电机发电。安装 2 台 1.25 万千瓦机组，总容量 2.5 万千瓦。第一台机组于 1959 年 12 月投入运行。

最早的混凝土梯形支墩坝水电站

湖南镇水电站，位于浙江省衢县。最大坝高 129 米，坝顶长 440 米。泄洪采用坝顶溢流与底孔泄流相结合的方式，在河床中部设 5 孔溢洪道，总宽度 72.5 米，每孔净宽 14.5 米，堰顶高程为 223 米，采用引弧形闸门挡水。1958 年开工，1961 年停建，1970 年复工。

最早的闸墩式水电站

青铜峡水电站，位于宁夏回族自治区的黄河中游青铜峡谷口处。电站为水闸型式，机组布置在每个宽 21 米的闸墩内，厂房为半露天式，安装 7 台 3.6 万千瓦和 1 台 2 万千瓦水轮发电机组，总容量 27.2 万千瓦，年发电量 10.4 亿千瓦时。工程于 1958 年 8 月开工，1967 年 12 月投入运行，1978 年建成。

第三节　我国小水电发展

小水电属于非碳清洁能源，既不存在资源枯竭问题，又不会对环境造成污染，是我国实施可持续发展战略不可缺少的组成部分。因地制宜地开发小水电等可再生能源，把水力资源转变成高品位的电能，不仅对于农村地区（尤其是"老少边穷"地区）的脱贫致富、提高人民生活水平具有现实意义，而且对保护生态环境，促进农村社会、经济、环境协调发展也有着十分重要的作用。

我国小水电资源十分丰富，5万千瓦及以下的小水电资源可开发量达1.28亿千瓦，居世界第一位。小水电资源点多面广，除上海市外，遍及30个省份1715个山区县，主要分布在中、西部地区和东部山区，70%左右集中在西部大开发地区。尚未开发的小水电资源还有8000万千瓦左右，可再建小水电上万座，年发电量2500亿~3500亿千瓦时，相当于4个以上特大型三峡水电站的电力电量，可扩大惠及广大贫困山区亿万农民。

新中国小水电发展经历了三个阶段，第一阶段平均每年增长21万千瓦，第二阶段平均每年增长88万千瓦，第三阶段平均每年增长 330 万千瓦。

新中国成立到 20 世纪 70 年代末是第一阶段。新中国成立后，国家实行"两条腿走路"的方针，结合江河治理，兴修水利，大力开发小水电，为农民农业农村用电服务。到 1979 年，小水电从无到有，从小到大。小水电除供县镇农村生产生活用电外，同时还向国家电网输送电力，减轻了大电网的供电压力，改善了电力工业布局。全国累计建成 1.2 万千瓦以下的小水电站近 9 万座 633 万千瓦，年发电量 119 亿千瓦时，全国有 50% 以上的县开发了小水电，有 1000 个县主要靠小水电供电，使 1.5 亿无电人口用上了电。

山区小水电

改革开放到 20 世纪末是第二阶段。截至 2000 年底，全国共建成 5 万千瓦及以下小水电 4.8 万座，装机 2485 万千瓦，年发电量 800 亿千瓦时。1500 多个县开发了小水电，全国 1/2 的地域、1/3 的县、1/4 的人口主要靠小水电供电，小水电累计解决了 3 亿多无电人口的用电问题。我国开发小水电建设中国特色农村电气化，分散布点、就地建站、就近成网、站网相联、成片供电，突破了单纯依靠常规煤电长距离送电至边远山区建设农村电气化不现实、不经济、不科学的旧模式，比较好地解决了发展中国家共同面临的农村能源、生态环境和消除贫困的问题。

进入 21 世纪以来为第三阶段。中国农村水电及电气化事业的改革发展进入新阶段、肩负新使命、实现新任务。水电农村电气化建设实现新跨越，小水电代燃料生态保护工程开创新领域，农村集体和农民股份制办电开辟农民持续增收新途径，水能资源统一管理依法确立和推进，农村水电电网大规模改造，农村水电资产战略性重组深入进行，农村水电有序开发安全监管逐步到位，农村水电国际影响显著提高。

2000 年以来，在国有资本的引导下，鼓励和支持集体资本、非公有资本投入农村水电建设，极大地推动了农村水电发展。小水电装机从新中国成立时的 3634 千瓦，到 1979 年 632.94 万千瓦、2000 年 2485 万千瓦、2008 年 5127 万千瓦，发生了翻天覆

地的变化。

我国小水电产业发展面临的问题

尽管我国小水电建设几十年来取得了很大成绩，但是我国小水电开发程度还很低，仅占可开发资源的28.6%，发电量也仅为全国总发电量的5.5%。在发展过程中还面临着种种困难和不利条件的制约，主要包括以下几个方面：

（1）产业定位不准

由于认识上的局限，我国小水电的公益性和社会性地位长期以来没有得到确认。主要表现在：在国家产业政策中，小水电被不加区分地与大、中型水电一同列入了甲类竞争性项目，造成了与小水电已有政策的偏离，很大程度上制约了小水电的发展；与常规能源建设项目相比缺乏固定投资渠道及必要的资金支持，不能享受国家可再生能源的有关优惠政策。

（2）管理体制不顺

目前国务院几个部委都在对小水电进行管理，在部门间产生了职能交叉。由于职责不明、分工不清，在一定程度上削弱了政府对小水电的宏观调控和行业管理。在省县级机构改革中，这种情况进一步加剧，使部分地区小水电管理处于混乱和停滞状态。

在2009年5月11日的第五届"今日水电论坛"上，水利部

农民们庆祝小水电建成

部长陈雷指出，大力开发小水电资源"已成为当前和今后一个时期中国水电事业发展的重点"。截至 2008 年底，我国大陆已建成小水电站 4.5 万座，装机容量 5100 多万千瓦，年发电量 1600 多亿千瓦时，约占中国水电装机和年发电量的 30%。开发小水电，使全国 1/2 的地域、1/3 的县市、3 亿多农村人口用上了电。我国大陆地区小水电资源技术可开发量达 1.28 亿千瓦，但目前的开发率仅为 32%。

我国小水电开发的目标是：到 2020 年，全国农村水电装机容量超过 7500 万千瓦。这意味着，未来 11 年，我国的水电装机容量将在现有 5100 万千瓦的基础上增长近 50%。

第四节　水电开发的制约条件和解决办法

　　我国水电开发取得了辉煌的成绩，但也不是一帆风顺。比如，我国目前的水电开发程度依然严重不足：以年发电量计算，到2008年底我国水电资源的技术开发程度仅为2277%，这与发达国家70%~90%的开发水平差距较大。另外，我国水电开发中面临许多制约条件，有些具有共性，有些则由中国的具体情况产生。

　　第一个制约因素是技术和装备水平不高。在建国初期，主要的限制条件是技术水平和装备水平。那时我们只修过几座几百千瓦到几千千瓦的小水电，施工机械极缺，甚至连混凝土的振捣器都没有，加上经济实力薄弱，要修建大水电站简直近于做梦。经过半个多世纪的奋斗，这一困难可以说已经过去，许多外国权威都认为中国工程师"能够在任何江河上修建他们认为需要的大坝和水电站"。当然，我们在创新、质量和管理上和国际先进水平还有差距，仍须继续努力。

　　第二个制约因素是投入问题，尤其在计划经济时代，一切基建都由国家投入。水电开发集一次、二次能源建设于一体，要和江河打交道，与单纯为发电而修建的火电厂比，投入总较多、工期总较长，尽管人们都明白这个道理，但在电力需求迅速增长的压力下，有限的资金总是先建火电厂，形成所谓"水火之争"。

第三个制约因素是中国的降水在时空上极为不均，这对开发利用水电是不利的。降水在时间上的不均，不仅使河流在汛期和枯水期的流量有巨大差别，而且还会出现连续枯水年或丰水年的情况。当然可以修建水库进行调节，但所需库容巨大，投入和移民问题都较难解决。降水在空间上分布不均，水能集中在西部，和各地区经济发展不协调，需长距离超高压送电，导致投入增加、成本提高和其他许多问题。

第四个制约因素是淹没移民问题和对环境产生某些负影响。除低水头径流电站外，开发水电离不开修坝建库，总要淹没一些土地，动迁一些居民，还会对生态环境带来某些负影响。我国人多地少，生态环境脆弱，移民工作困难，这无疑要增加水电开发的难度，今后也许会成为水电开发中最大的制约因素。

不过，总的来说，我国水电开发成就辉煌，完全具备进一步提高开发程度的市场基础、资源基础、物质基础、资金基础和技术基础。但目前国家能源战略中水电优先开发的战略地位受到严重挑战，水电开发遇到移民等新的制约因素，对水电开发的政策层面认识、行业内部认识、社会公众认识都存在严重偏差和混

水力

乱。针对这些问题，可以考虑从以下 3 个大的方面进行解决。

1. 从国家战略高度认识水电开发

水电在我国能源结构中占有举足轻重的地位，这是我国的基本国情，是我国实现经济社会全面协调可持续发展的基础背景。其实远不止如此简单，水电开发是我国水资源开发利用战略与能源战略的交集，是我国应对气候变化战略和区域协调发展战略的关键。

从国家水资源战略角度看，水电开发是促进水资源综合利用和保护的重要载体。同能源安全一样，水资源安全是关系到国家安全的重大问题。21 世纪水资源正在变成一种宝贵的稀缺资源，水资源已成为关系到国家经济、社会可持续发展和长治久安的重大战略问题。水电开发是对水资源功能的清洁开发利用，利用水的势能而并不耗费水量。同时，水电开发具有巨大的经济效益，往往可以水电开发为载体促进水资源的综合利用开发与保护。尤其是在大江大河上，一座水电站就是一个水利枢纽，可以起到控制洪水、改善航运、调剂供水等多重功能。2009 年 8 月水利部在北京主持召开金沙江干流综合规划专家审查会，除了强调金沙江是我国重要的水电基地（经济技术可开发年发电量近 6000 亿千瓦时）外，同时指出金沙江是"南水北调"西线及滇中调水工程的水源地；金沙江汛期洪水总量占宜昌以上长江洪水总量的 1/3，金沙江梯级开发配合三峡水库运用，可进一步提高长江中下游的防洪标准，减少分蓄洪区的运用。因此，在金沙江及其他水电富集地区建库筑坝，决不仅仅是为了发电，同时是对水资源的综合利用与保护、对促进区域经济社会发展和国家整体水资源战略安全均具有极其重要的战略价值。

从国家能源战略角度看，水电是我国从高污染化石燃料转向清洁可再生能源过渡阶段无可替代的独特能源形式。在我国能源剩余可采储量中，原煤占 51.4%，水力资源（按使用 100 年计算）占 44.6%，原油和天然气仅占约 4%。煤炭和水电作为我国主导能源形式在相当长一段时间内不会改变。以目前的消费水平，我国现在煤炭探明储量也就可以消费几十年。所以，要尽早、尽可能多地开发利用水电，增加电力供应总量，保障能源供应安全。另外，当前处于由化石能源向可再生新能源转变阶段，开发清洁能源、提高能源效率、促进节约能源、减少排放，是各国能源战略共同的目标。从目前情况看，风能、太阳能的能量密度低，价格昂贵，还存在大范围并网技术难题和可能的生态环保问题，以更清洁的形式开发煤电、水电及核电在相当长的时间内依然占主导地位。中国过多利用煤炭的压力会越来越大；核电的发展也受到铀资源的限制。因此，在这个转折期间，技术成熟、成本低廉的水电具有不可替代的作用。

从应对全球气候变化的国家战略角度看，水电开发是实现温室气体减排的王牌。1979年在日内瓦召开第一届世界气候大会以来，全球对气候变化的影响越来越重视。我国是二氧化碳排放最多的国家，我们必须认识到气候变化问题已演变成敏感的国际政治经济问题，向中国提出温室气体减排的量化要求恐怕只是时间问题。在这种形势下，利用清洁的水力发电无疑是中国减少温室气体排放的一种明智选择。欧美发达国家水能资源已基本开发殆尽，在是否把水电作为有效的温室气体减排措施的问题上各国战略利益是不一致的。在这个问题上我们必须保持足够清醒，不能简单地跟着发达国家的水电政策走，而应旗帜鲜明地认可水电的清洁可再生、零温室气体排放的客观特性，争取将水电作为减排关键。折合成原煤计算，目前我国已开发利用的水能还不到3亿吨/年，而我国的水能技术可开发量约为13亿吨/年。根据国家《可再生能源中长期规划》，到2020年，可再生能源的比例要达到15%，其中水电要从2008年的1.7亿千瓦增长到3亿千瓦。当前技术水平下，水电无疑是我国实现碳减排的最有效清洁能源措施。

从国家区域经济发展战略角度看，水电开发是我国经济自东向西梯度发展实施西部大开发战略的重要手段。我国水电资源90%以上集中在京广铁路以西，云南、四川、西藏、贵州等西部

12个省份水电资源约占全国的79.3%。发达国家的经验证明，流域水电开发往往会带来所在偏远区域经济社会的全面发展。这是因为水电属于资本密集型产业，产业链长，影响面宽，可以起到启动落后地区经济发展的龙头作用。由于我国西部水电所在地大都是经济落后地区，其开发不仅仅是工程开发，实际上通过移民等行为可实现社会系统的再造，可以为该地区引进资金、引进技术、引进人才，促进当地观念提升、文化进步和产业发展。

以水能资源的综合开发利用为纽带，将西部潜在的水电资源优势转化为现实的经济优势，实现水能资源的综合开发利用与区域经济社会发展、生态环境治理保护相结合，可极大地促进西部经济发展。

2. 尊重客观规律，切实转变水电开发方式

水电开发投资巨大，筹建、建设、运行周期长，影响面广，因此，水电开发是一项复杂的系统工程。要科学地开发水电，必须掌握其内在规律。

第一，必须尊重水电流域开发规律。一条河流的水电开发，应服从流域开发的基本规律，高度重视全流域的规划和布局，通过科学合理配置，实现整个流域的最佳资源开发。在流域开发方式上，一般采用龙头水库、支流控制、梯级开发的做法。开发主体上，一条河流一般都会由一个主体统一开发。这是因为流域具

有内在的整体性，河流水文状况有天然的上、下游连续性，一条河流上水电项目的运营有其固有的相互关联性。不重视流域水电规划，甚至将一条河流切割进行开发的做法，必然会造成不同的项目规划、建设、运行主体的个别本位主义，从而严重影响河流的流域整体利益，造成水能资源的浪费。

第二，必须尊重水电公共产品属性规律。水电是一个国家或地区的基础性自然资源、社会性公共资源、战略性经济资源。水电具有共有、共建、共享的特性，是属于公众的资源。水电开发外部性强，既有正面的外部性，如水电开发带来防洪效益；同时也有负面的外部性，如水电开发造成水库中水流速变缓，影响水体自净能力。如果认可水电的公共产品属性和一定的公益属性，就应该按主要由政府提供公共产品的规律办事。特别是对大江大河，其水电开发权不宜完全推向市场。认识到水电公共产品属性，政府就应严格加强水电开发和投运的监管，让利益相关者对水电开发具有合适的话语权和利益表达机制，让资源所在地居民分享水电开发的经济效益。

第三，必须尊重水电综合开发规律。所谓综合开发，就是指开发水电项目时，必须要把它当成水资源项目进行综合开发，统筹兼顾防洪、供水、生态环境、航运等方面的需求。由于只有将水能资源转化为电力才可带来可观的经济收益，以电养水、以电养航基本上是世界通例，即由水电承担项目其他功能的成本。因此，在水电项目的规划、前期、实施、运行各个阶段，都应注重水资源的综合保护与利用，使得水电项目产生必要的可能的正面部性。

第四，必须尊重水电基建规律。水电开发属大型基础设施建设，必须遵循基建程序。大体来讲，水电开发分项目规划、项目前期、项目实施、项目运行 4 个阶段。在项目规划和前期阶段，要在流域规划框架内，进行项目全面的地质调查、社会调查、生态环境调查、市场预测、规划设计、地质勘探、设计方案、科学试验、移民规划，提出可行性和必要性的论证，最终完成决策审批程序，这一历程往往要数年乃至上十年。水电开发必须遵循这一客观规律。如果项目选择和前期工作周期过短，投入力量不足，就会造成设计质量下降、科研论证不到位、决策失误的现象，从而对项目实施和投运带来负面影响乃至灾难性后果。

第五节　我国水电站选介

我国的水电站众多，遍布在全国各条水力资源丰富的江流上。下面就为读者介绍一些我国的大、中型水电站，它们有的规

水 力

模巨大，有的历史较长，有的技术创新多，代表了我国水电站建设的较高水平。

石龙坝水电站

石龙坝水电站是中国建设的第一座水电站，开创了中国水电建设的先河，被尊奉为中国水电站的鼻祖。

石龙坝水电站于 1908 年开始筹建，1910 年开工，1912 年 4 月发电，当时 1、2 号机组共 480 千瓦，使用当时中国第一条自建最高电压 23 千伏，经过 35 千米的线路，送电到昆明市区。

石龙坝水电厂位于滇池出水道螳螂川上段，距昆明市区 70 余千米。滇池，位于昆明城区西南面，面积 298 平方米，蓄水量约 13 亿立方米。滇池的出水口称海口，出口向西北进入螳螂川，最后进入金沙江。螳螂川由平地哨村经滚龙坝至石龙坝一段，河道坡陡流急，有 30 余米的落差、以滇池为调节水库而兴建的引水式水电站。当时这座电站的主要工程有：长 55 米、高 2 米的拦河石闸坝一座，长 1478 米、宽 3 米的石砌引水渠道一条，以及石墙瓦顶的机房一座，即第一车间，又称一机房，安装 2 台德国西门子公司生产的 240 千瓦水轮发电机组。

1840 年鸦片战争后，云南和全国一样逐步沦为半殖民地半封建社会。1885 年签订的《中法条约》，给予法国在云南通商的特

石龙坝水电站

殊权益。1903 年法国利用这个不平等条约，在云南兴建了滇越铁路昆明—河口段铁轨。1908 年法国以滇越铁路通车后需用电灯为借口，向主管云南省工商业的劝业道（官署名）提出准其在石龙坝建设水电站的要求。宣统元年（1909 年）10 月，云南劝业道道员刘永祚得到云贵总督李经羲支持，拒绝了法国人的要求，倡议由云南省官商合办开发石龙坝水能资源，集股开办耀龙电灯公司建设石龙坝水电站。宣统二年（1910年）1月20日经李经羲批准，于当年年底成立了商办耀龙电灯公司，云南省商会总经理王鸿图为总董事，左日礼为公司总经理，从此拉开了石龙坝水电站建设的序幕。

电站建设初期工程，由德商礼和洋行通过与美商慎昌洋行竞争获得承包权利。云南省商会提出德商只负责引进勘测设计、建筑安装、施工管理等方面的技术，以及发送变电和装设电灯所需的设备器材。电站和输变电工程则在德国工程技术人员的指导下，由中国工人自己建设。经过17个月的艰苦努力，终于在1911年10月30日建成，向昆明市区送电，结束了云南无电的历史。

此后，1923～1936年，石龙坝水电厂又进行过4次扩建，装机容量扩大到2440千瓦。1943年5月开始再进行了第5次扩建，装机容量达到6000千瓦，机组的启动、调整、并列基本实现了自动化控制，使石龙坝电站旧貌换了新颜。

20世纪初，在我国沦为半封建半殖民地的特定历史环境下，由中国人自己建设、自己管理的我国第一座水电站，在中国电力工业史上留下了闪光的足迹。因此，石龙坝水电站虽然不大，但其名声却很大。

1952 年，时任中共云南省委书记的宋任穷到电站考察。1957 年 3 月 18 日，朱德副主席亲临电站视察时，向电站职工感慨地说："你们要好好保护电站，它是中国水力发电的老祖宗哟！"1992 年元月，中共云南省委、中共昆明市委将石龙坝水电站确定为昆明地区"近现代史国情教育基地"；1993 年 11 月，石龙坝水电站被云南省人民政府列为省级重点文物保护单位；1997 年被中共云南省委、云南省政府确立为"云南省爱国主义教育基地"。此后，每年到厂参观考察的国内外宾客达 1 万余人次。2006 年 5 月 25 日，石龙坝水电站被国务院批准列入第六批全国重点文物保护单位名单。

六郎洞水电站

新中国第一座利用地下水发电的水电站——六郎洞水电站就建在云南省丘北县。

六郎洞，相传北宋名将杨六郎因抵御契丹有功，后为潘仁美谗陷，率部退守西南，曾驻扎此洞，故名"六郎洞"。

1958 年 2 月沉寂已久的六郎洞响起了机器声的轰鸣，开山炮的轰响与奔腾咆哮的南盘江水奏起了交响乐，揭开了六郎洞电站动工兴建的帷幕。

水电站建设大军历经 2 年时间的艰苦奋战，终于在 1960 年 2

六郎洞

月 25 日，一座装机容量 2.5 万千瓦的我国第一座利用地下溶洞水发电的电站——六郎洞水电站并网发电。

六郎洞水电站位于云南省丘北县境内，建在南盘江右岸小支流六郎洞河上。六郎洞源头是一个大溶洞，由地下暗河流出。全河经 5.2 千米明流汇入南盘江。沿河多急滩瀑布，总落差 104 米，平均坡度降 2‰。电站以堵洞方式形成地下水库，利用岩洞地下水发电。

六郎洞按高程分为上洞和下洞，水自上洞流至下洞，上、下洞交叉重叠，有很多支洞沟通。六郎洞水源区以碳酸盐类岩层为主，经水源调查，暗河汇水面积 807 平方千米，水源区的地下水主要由降雨补给，地区平均降雨量 900～1300 毫米，年平均气温 16～20 摄氏度。六郎洞出口实测最大流量为 92 立方米/秒，最小流量为 10.5 立方米/秒。多年平均流量 23.8 立方米/秒。地下水分水岭高出六郎洞地下水库正常蓄水位，水源可靠，堵洞蓄水后，不会向库外渗漏。

电站首部枢纽布置在六郎洞洞口，采用混凝土和钢筋混凝土封堵地下溶洞，将洞内水位抬高，取得水头，并形成总库容为 8.24 万立方米的不完全日调节水库。堵洞线下作地下水泥灌浆帷幕，帷幕线穿过左右两侧断层破碎带与砂页岩紧密相连。利用原出水口及下洞口修建溢洪道及排沙闸，构成具壅水、泄洪、排沙等作用的建筑物。用 3 千米多的压力引水道并建有调压井和 2 条地面钢管引水到南盘江边建地面厂房发电。为确保南盘江到达 200 年一遇洪水位 979.8 米时，机组能正常运行，主厂房采用封闭式钢筋混凝土结构，洪水位以下墙面作防水层处理，进厂大门作防洪闸门。

1958 年电站开工建设之时，正值我国"大跃进"时间，接踵而来的"三年困难时期"的困扰，不仅没有吓退水电建设者们，反而更加激发了创业者们大干快上、振兴国家的豪情壮志，他们在荒芜的密林、沙滩上安营扎寨，奋战在生活条件十分艰苦的工地上，用心血和汗水，创造了一个工作面月进尺 162.9 米和日进尺 12.15 米的隧洞开挖的当时全国先进记录；3.3 米长的隧洞贯通时两洞中心仅有两三厘米的偏差，摸索掌握了在地下地质条件十分困难的情况下，战胜塌方频繁的全新施工方法，采用隧洞开挖与混凝土衬砌平行施工作业，尤其在国内首先使用自行设计和制造的风动输送混凝土泵浇筑顶拱的施工方法，既保证了安全，又加快了工程进度，体现了建设者们大无畏的革命精神和创造性的劳动态度。

六郎洞水电站的建成，使中国在研究岩溶发育的规律和利用地下水修建水电站方面积累了经验。在水源调查和研究岩溶发育规律的基础上，采用堵塞溶洞和防渗处理以提高水位，形成岩溶地下水库的布置方案，经过长期运行检验是成功的；进水口布置在溶洞内，从暗河引水，以防止地下水结垢的做法是合理的；进水口喇叭段采取岩塞爆破一次成型通水的施工方案也是正确的。

电站已安全运行了 40 多年，不足之处是装机容量偏小。由于对地下水源的可靠性、堵洞后可能形成更大的库容认识经验不足，使水能资源得不到充分利用。电站在电力系统中，长期担任基荷运行，机组年利用小时数平均为 6500 小时，最高达 7200 小时，有长时间弃水不用现象，实践证明：这座水电站地下水源可靠，流量稳定，为增容改造提供了有利条件。1997 年 6 月，在 2 号机组上采用优化的 A553 不锈钢转轮，改进导叶和尾水管，使

2 号机组出力由 1.25 万千瓦提高到 1.5 万千瓦。截至 2008 年累计发电 77.13 亿千瓦时。

葛洲坝水电站

葛洲坝水利枢纽工程位于长江三峡的西陵峡出口——南津关以下 2300 米处。距宜昌市镇江阁约 4000 米。大坝北抵江北镇镜山，南接江南狮子包。全长 2561 米，坝高 70 米、宽 30 米。大坝中央有 27 个泄水闸，每秒可排泄 11 万立方米的特大洪水。大坝控制流域面积 100 万平方千米，占长江流域总面积 50％以上。大坝北抵江北镇镜山，南接江南狮子包，雄伟高大，气势非凡。葛洲坝水利枢纽工程是一项综合利用长江水利资源的工程，建成于 1988 年，具有发电、航运、泄洪、灌溉等综合效益。大坝的兴建，使水库水位增高 20 多米，向上游回水 100 多千米，形成一个蓄水巨大的人造湖，同时也有效地改善了三峡航道的险情，使货运量由 400 万吨左右猛增到 5000 万吨以上。为保证建坝后的顺利通航，大坝建有 3 座大型船闸，其中 2 号船闸是目前世界上少数巨型船闸之一。为防止泥沙淤积和在特大洪水时泄洪，大坝还建造了两座冲沙闸及泄洪闸。

葛洲坝除了能够泄洪防涝，还能利用长江水力进行发电。如果乘着万吨巨轮过葛洲坝，可以亲眼看见巨大的轮船通过大坝的

葛洲坝水电站

水位调节，在转眼之间上升几十米。葛洲坝的泄洪闸放水时有着极其磅礴的气势，迸发的波涛和巨大的水声令人震撼。泄洪闸周围的环境也十分优美。

三峡水电站

三峡水电站又称三峡工程、三峡大坝，位于重庆市市区到湖北省宜昌市之间的长江干流上。大坝位于宜昌市上游不远处的三斗坪，并和下游的葛洲坝水利枢纽构成梯级电站。它是世界上规模最大的水电站，也是中国有史以来建设的最大型的工程项目。三峡水电站的功能有十多种，航运、发电、种植等等。1992 年 4月 3 日，七届人大五次会议审议并以 67% 的赞成票通过了《关于兴建长江三峡工程决议》。1994 年 12 月 14 日，三峡工程在前期准备的基础上正式开工。2003 年开始蓄水发电，2009 年基本完工。

三峡工程的总体建设方案是"一级开发，一次建成，分期蓄水，连续移民"。工程共分三期进行。

三峡水电站

一期工程从 1993 年初开始，利用江中的中堡岛，围护住其右侧后河，筑起土石围堰深挖基坑，并修建导流明渠。在此期间，大江继续过流，同时在左侧岸边修建临时船闸。1997 年导流明渠正式通航，同年 11 月 8 日实现大江截流，标志着一期工程达到预定目标。

二期工程从大江截流后的 1998 年开始，在大江河段浇筑土石围堰，开工建设泄洪坝段、左岸大坝、左岸电厂和永久船闸。

在这一阶段，水流通过导流明渠下泄，船舶可从导流明渠或者临时船闸通过。到 2002 年中，左岸大坝上、下游的围堰先后被打破，三峡大坝开始正式挡水。2002 年 11 月 6 日实现导流明渠截流，标志着三峡全线截流，江水只能通过泄洪坝段下泄。2003 年 6 月 1 日起，三峡大坝开始下闸蓄水，到 6 月 10 日蓄水至 135 米，永久船闸开始通航。7 月 10 日，第 1 台机组并网发电，到当年 11 月，首批 4 台机组全部并网发电，标志着三峡二期工程结束。

三期工程在二期工程的导流明渠截流后就开始了，首先是抢修加高一期时在右岸修建的土石围堰，并在其保护下修建右岸大坝、右岸电站和地下电站、电源电站，同时继续安装左岸电站，将临时船闸改建为泄沙通道。整个工程于 2009 年基本完工。

三峡水电站大坝高程 185 米，蓄水高程 175 米，水库长 600 余千米，安装 32 台单机容量为 70 万千瓦的水电机组，是全世界最大的水力发电站。

丰满水电站

丰满水电站是中国最早建成的大型水电站，东北电网骨干电站之一，被誉为"中国水电之母"。丰满水电站位于吉林市境内第二松花江上，1937 年日帝侵占东北时期开工兴建，至 1945 年战败撤退时，完成土建工程的89％，安装工程的50％。原计划装机8台各7万千瓦，2台厂用机组各1500千瓦，共计装机容量56.3万千瓦；还留有2个压力钢管，可再扩装2台机组。1943年开始发电，至1944年已安装好4台大机组和2台小机组，其余2台大机组在安装中，还有2台大机组的部分设备也已到货。其中3台大机组和2台小机组的水轮机由瑞士爱雪维斯公司供应，配装美国西屋电气公司的发电机；另3台大机组的水轮机由德国伏伊特公司供应，配装德国通用电气公司的发电机；还有2台大机组由日本的日立制作所仿造。日本投降时先由前苏联红军接管，拆走了几台机组。后来我国接收时，还剩下2台大机组和2台小机组，合计14.3万千瓦，相当于13.25万千瓦。

丰满大坝高90.5米，为重力坝，坝体混凝土量194万立方米。日本撤退时大坝尚未完成，有些坝段还没有按设计断面浇完，而且坝基断层未经处理，已浇的混凝土质量很差，廊道里漏水严重，坝面冻融剥蚀成蜂窝状。大坝安全处于危险状态。

1946年国民党接收后，原资源委员会曾派全国水力发电工程总处的美国顾问卡登和中国工程师去研究修复计划。当时曾提出炸低溢流堰，用降低水库水位来保护大坝安全。但因当时条件很困难，东北也快解放，只凿掉了少量混凝土，没有继续进行。

1948年3月8日，国民党东北剿总副总司令郑洞国向即将撤

丰满水电站

退的吉林守军下达了蒋介石"撤退前必须彻底炸毁小丰满堤坝和发电厂全部设备"的手谕。当晚,当班运行值长张文彬面对破坏电厂的国民党军队,机智跟他们周旋,确保了发电机组、压力钢管完好无损。翌日,饱受磨难的电站回到人民的手中。

1948年东北解放后,我国即委托前苏联彼得格勒水电设计院做出丰满水电站修复和扩建工程的设计(366号设计)。首先为了确保大坝的安全,决定采取积极的加固大坝措施,争取于1950年汛前突击浇筑57360立方米混凝土,以保度汛安全,结果胜利提前完成。接着在坝基和坝体内进行钻孔灌浆,共72685米;补修坝面27426平方米。至1953年土建工程基本完成,并从1953

年起陆续安装由前苏联供应的机组，其中有 1 台发电机是哈尔滨电机厂制造的，至 1959 年共新装了 6 台大机组。后来拆掉了 1 台小机组移作别用。现有机组为 1 台 6 万千瓦、2 台 6.5 万千瓦、5 台 7.25 万千瓦以及 1 台 1250 千瓦小机组，共计装机容量 55.375 万千瓦，相当于总容量 63.9 万千瓦，超过了日本原设计的 56.3 万千瓦。通过 1 回 154 千伏和 5 回 220 千伏高压输电线分别向吉林、长春、哈尔滨等地送电，是东北电网中的一座骨干电站，不仅提供大量电量，还起到系统中调峰、调频和事故备用等重要作用。

丰满大坝全长 1080 米。左侧为溢流坝段，为孔口式溢流堰，堰顶高程 252.5 米，有 11 个孔，各宽 12 米、高 6 米。设计泄洪量 9020 立方米/秒，校核最大泄量 9240 立方米/秒，用差动式跃水槛消能。发电厂房位于右侧，长 189 米、宽 22 米、高 38 米。

丰满水库在正常蓄水位 261 米以下的总库容为 81.1 亿立方米。死水位 242 米以下的死库容为 27.6 亿立方米。有效调节库容 53.5 亿立方米，相当于坝址平均年水量 136 亿立方米的 39%，调节性能相当好。设计洪水位为 266 米，校核洪水位 266.5 米，即坝高程。坝顶以上还有 2.2 米高的防浪墙。从正常蓄水位至校核洪水位之间有防洪库容 26.7 亿立方米，总库容达 107.8 亿立方米。

丰满水电站的设计平均年发电量为 18.9 亿千瓦时。当 1959 年最后一台机组装好后，1960 年的发电量即达 27.49 亿千瓦时，1963、1964、1965、1966、1972、1973 年都超过平均年发电量。但后来有些年份因东北电力系统内严重缺电，煤又供应不足，强迫丰满水库提前放水发电，以致长期在低水位下运行，甚至降至死水位以下 5.14 米。如 1978 年和 1979 年的发电量分别只有 5.5 亿千瓦时和 7.0 亿千瓦时。后来经过调整，现已恢复正常。

刘家峡水电站

刘家峡水电站是黄河上游开发规划中的第 7 个梯阶电站，位于甘肃省临夏回族自治州永靖县（刘家峡镇）县城西南约 1 千米处。刘家峡水电站，是第一个五年计划（1953～1957）期间，我国自己设计、自己施工、自己建造的大型水电工程，1964 年建成后成为当时全国最大的水利电力枢纽工程，曾被誉为"黄河明珠"。

刘家峡电站多年平均流量 877 立方米/秒，最大水头 114 米。装机容量 122.5 万千瓦，设计年发电量 55.8 亿千瓦时。水库总库容 57 亿立方米，有效库容 41.5 亿立方米。通过蓄洪补枯的调节，可提高刘家峡电站本身及其下游已建的盐锅峡、八盘峡、青铜峡各级电站的枯水期出力；改善甘肃、宁夏、内蒙等省（自治

区）1580平方千米农田灌溉条件；可解除兰州市百年一遇的洪水
灾害；在解冻期控制下泄流量，可防止内蒙河段的冰凌危害；库
区内的航运及养殖事业也得到相应的发展，综合利用效益显著。
水库尾端有炳灵寺石佛古迹，经筑堤保护，是游览胜地。

刘家峡水电站

　　刘家峡坝址的平均年输沙量为9170万吨，为黄河下游平均
年输沙量16亿吨的5.7％。它是黄河上游梯级规划拟定的上、
中、下游三大控制水库的中间一座。工程于1958年6月完成初
步设计后，同年9月开工兴建，1961年因调整基建计划而暂停，
1964年复工，1969年3月第一台机组发电，实际工期为7.5年，

1974 年底全部建成。运行实践证明，本工程的规划设计是成功的，工程质量是良好的，被评为水电工程优秀设计之一，并获全国科学大会科技成果奖。

刘家峡水电站主要由挡水建筑物、泄洪建筑物和引水发电建筑物 3 部分组成。挡水建筑物包括河床混凝土重力坝（主坝），左、右岸混凝土副坝和右岸坝肩接头黄土副坝，坝顶全长 840 米，坝顶海拔 1739 米。主坝为整体式混凝土重力坝，最大坝高 147 米，主坝长 204 米，顶宽 16 米，底宽 117.5 米。泄洪排沙建筑物包括溢洪道、泄洪道、泄水道和排沙洞。四大汇水排沙建筑物在正常高水位汇洪能力可达 7533 立方米/秒，在水位 1738 米时可达 8092 平方米/秒。

厂房位于主坝下游，为坝后、地下混合封闭式厂房，全长 169.8 米，共安装 5 台大型水轮发电机组，设计总装机容量 122.5 万千瓦，保证出力 40 万千瓦，设计年发电量 57 亿千瓦时，主送陕西、甘肃、青海。

三门峡水利枢纽

三门峡水利枢纽位于黄河中游下段，河南省三门峡市和山西省平陆县的边界河段，控制流域面积 68.4 万平方千米，占全黄河流域的 92%。黄河平均年输沙量 15.7 亿吨，是世界上泥沙最多的河流。黄河下游河道不断淤积，高出两岸地面，成为"地上河"，全靠堤防防洪。黄河洪水又大，对下游广大平原威胁很大。

三门峡坝址地形地质条件优越，这一河段是坚实的花岗岩，河中石岛抵住急流冲击而屹立不动，把黄河分成3道水流，称人门、神门、鬼门，因此名为三门峡。这是兴建高坝的良好坝址。三门峡以上至潼关为峡谷河段，潼关以上地形开阔，可以形成很大的水库。

在三门峡建坝很早就提出过，日本帝国主义侵占我国时曾提出开发方案，国民党统治时期也曾邀美国专家来查勘过，但对如何处理黄河的泥沙问题都没有深入研究。

新中国成立后，水力发电工程局对三门峡坝址做了大量勘测工作。1954年黄河规划委员会在前苏联专家组帮助下对所作黄河流域规划中，把三门峡工程列为根除黄河水害、开发黄河水利最重要的综合利用水利枢纽，推荐为第一期工程，随同黄河流域规划在1955年第一届人大第二次会议上得到通过；后即委托前苏联彼得格勒设计院进行设计，1957年初完成初步设计，经我国家计委组织审查，由水利部和电力工业部共同组成的三门峡工程局负责施工。1957年4月开工，1960年大坝建成。

在黄河流域规划中拟定的三门峡正常高水位为350米。初步设计中研究了350米、360米和370米方案，推荐360米。设计过程中我国一些泥沙专家考虑排沙要求，对泄水深孔的高程提出

三门峡水利枢纽

意见，因而由原设计的孔底高程 320 米降至 310 米，以后又进一步降至 300 米。水库可起到防洪、防凌、拦泥、灌溉、发电、改善下游航运等巨大作用。当时拟定的装机容量为 8 台 15 万千瓦，共 120 万千瓦。

三门峡工程开工后不久，1958 年初周总理在三门峡工地召开现场会议，对设计方案又进行讨论研究，确定三门峡正常高水位按 360 米设计，350 米施工，初期运行不超过 335 米。

1960 年大坝封堵导流底孔开始蓄水，就发现泥沙淤积很严重，潼关河床很快淤高，渭河汇入黄河处发生拦门沙，淤积沿渭河向上游迅速发展，所谓"翘尾巴"，这是过去没有预计到的。因此影响渭河两岸农田的淹没和浸没，甚至将威胁到西安市的防洪安全。陕西省紧急呼吁，随即降低水位运行。但因低水位时水库泄洪排沙能力不足，洪水时库水位高，淤积还在继续发展。当时已装好一台 15 万千瓦机组，因水位降低不能用，拆迁丹江口水利枢纽去应用。

为研究三门峡工程的处理办法，1962、1963 年水利学会组织了两次大规模的学术讨论会，提出了各种意见，最后决定对三门峡工程进行改建，并批准两洞四管的改建方案。设计指导思想，从过去的蓄水拦沙改为泄水排沙。

第一次改建工程，于 60 年代中期实施两洞四管的泄流排沙措施。首先利用 4 根发电引水钢管，改为泄流排沙钢管，为防止泥沙磨损，在出口附近用环氧砂浆和铸石涂焊。接着在大坝左岸打 2 条 8×8 米的泄洪排沙洞，进口底板高程 290 米，使其在较低水位时加大泄量。

1967 年黄河干流洪水较大，渭河出流受到顶托而泥沙排不出去，至汛后发现渭河下段几十千米的河槽全被淤满，如不及时处理，将严重威胁次年渭河两岸的防洪安全。经过查勘研究，由陕西省动员人力，于当年冬季在新淤积的河槽内开挖小断面的引河，春汛时把河道冲开了。

第二次改建工程于 70 年代初期进行。改建工程包括打开大坝底部原来施工导流用的 8 个位于 280 米高程的底孔，和 7 个位于 300 米高程的深孔（1960 年水库蓄水时这些底孔和深孔都被用混凝土严实封堵了）；还把 5 个发电进水口由原来的底坎高程 300

米降低至 287 米；安装 5 台 5 万千瓦的低水头水轮发电机组，共 25 万千瓦。1973 年开始发电。

经过两次改建后，在库水位 315 米时的泄流能力，由原来的 3080 立方米/秒增加到 10000 立方米/秒（相当于黄河常有的较大洪水流量）。随着较低水位时泄洪能力的加大，排沙能力也相应增加，不仅使库容得到保持，而且前几年库内淤积的泥沙也逐渐冲走，改善了库区周围的生产条件。

三门峡工程的改建及泥沙处理，获 1978 年全国科学大会科技成果奖。

二滩水电站

二滩水电站位于四川省攀枝花市境内，是水电"富矿"雅砻江水电基地的第一期开发工程，距成都市 727 千米，距攀枝花市 40 余千米。电站以发电为主，兼顾漂木等综合利用效益。正常蓄水位 1200 米，总库容 58 亿立方米，有效库容 33.7 亿立方米，属季调节水库。电站内装 6 台单机容量 55 万千瓦机组，总装机容量 330 万千瓦，保证出力 100 万千瓦，年发电量 170 亿千瓦时。电站建成后将供电四川主网，并就近供电攀枝花、西昌地区，是四川电网中的大型骨干工程。

坝址以上控制流域面积 11.64 万平方千米，多年平均年降雨量 1038.5 毫米。坝址多年平均流量 1670 立方米/秒，多年平均年径流量 527 亿立方米。实测最大流量 11100 立方米/秒，设计洪水流量（0.1％）20600 立方米/秒，校核洪水流量（0.02％）23900 立方米/秒，可能最大洪水流量 30000 立方米/秒。多年平均悬移质输沙量 2720 万吨，平均含沙量 0.52 千克/立方米；推移质年输沙量约 67 万吨。

电站属一等一级工程，枢纽由混凝土双曲拱坝、左岸地下厂房、泄洪建筑物、木材过坝转运设施等组成。拱坝坝高 240 米，拱冠顶部厚 11 米，拱冠梁底部厚 55.74 米，拱端最大厚度 58.51 米，拱圈最大中心角 91°49′。坝顶弧长 775 米。大坝按地震烈度Ⅷ度设防。

二滩工程枢纽泄量大、水头高，而河床狭窄，经优化设计确定坝身表孔、中孔和右岸 2 条泄洪洞等 3 套泄洪设施组成的泄洪方式。3 套泄洪设施均按单独泄放常遇洪水设计，大洪水时 3 套泄洪设施联合泄洪。

二滩水电站导流标准经风险度分析采用重现期 30 年，设计导流量为 13500 立方米/秒。前期导流方式采用不过水围堰隧洞导流、基坑全年施工的方案。上、下游围堰均采用沥青混凝土心墙堆石围堰，上游围堰堰顶高程 1062 米，最大堰高 56 米，堆筑量 94 万立方米，基础最大防渗深度 37 米；下游围堰堰顶高程 1030 米，最大堰高 30 米，堆筑量 19 万立方米，基础最大防渗深度 54 米。左岸、右岸各布置 1 条导流隧洞，其洞身长度分别为

二滩水电站

1087.75 米和 1167.08 米，进口高程均为 1010 米。导流隧洞在施工期需在有压流态下宣泄设计洪水，还要在明流状态下漂木。左岸导流洞下游段在大坝建成后，作为电站 2 号尾水洞的一部分。导流洞断面均为方圆形，其尺寸（宽×高）均为 17.5 米×23 米。

　　二滩工程施工准备从 1987 年 9 月开始，到 1991 年 6 月基本完成施工道路、桥梁、供电、通讯、施工营地及部分主体工程开挖。1991 年国家列入年度基建计划新开工项目，同年 9 月 14 日正式开工。1998 年 7 月第一台机组发电，2000 年完工。